もくじ

JN060429

Contents

1　最初の生物と初期の生物進化　p.10〜16　　月　日

生物には，以下の共通の特徴がある。

① 1＿＿＿＿＿＿＿でできている。

② 2＿＿＿＿＿＿＿をもつ。

③ エネルギーを 3＿＿＿＿＿＿に蓄えて利用する。

・生物の共通性は，共通の祖先から 4＿＿＿＿＿＿＿してきたことに由来する。

◢ A ◣ 原始地球はどのように誕生したのだろう？

約 5＿＿＿＿＿＿億年前，地球は誕生した。

・誕生間もない地球は，小天体の衝突がもたらすエネルギーでとけた状態。

→海は存在していなかった。

・6＿＿＿＿＿＿＿：地球内部から放出された水蒸気（H_2O），二酸化炭素（CO_2），窒素（N_2）など。

→大気中には 7＿＿＿＿＿＿＿＿がほとんどなかった。

→生物の材料になるような 8＿＿＿＿＿＿＿は存在していなかった。

・原始の海：地球の表面が冷えることで原始大気中の H_2O が雨となって降り注ぎ，形成された。

・9＿＿＿＿＿＿＿や宇宙線が現在よりもはるかに強く降り注いでいた。

Q 原始地球はどのように誕生したのだろう？

他の太陽系の天体とともに誕生し，誕生間もない頃は小天体の衝突のエネルギーによってとけた状態だった。地球内部から水蒸気，10＿＿＿＿＿＿＿＿，11＿＿＿＿＿＿＿などが放出され原始大気となり，やがて表面が冷えてくると大気中の 12＿＿＿＿＿＿が雨となって降り注ぎ，原始の海が形成された。

▰ B ▰　最初の生命はどのように誕生したのだろう？

・最初の生命は，原始地球の海の中で誕生したと考えられる。

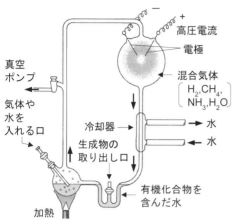

真空
ポンプ

気体や
水を
入れる口

高圧電流

電極

混合気体
$\left[\begin{array}{c} H_2,CH_4, \\ NH_3,H_2O \end{array}\right]$

冷却器

生成物の
取り出し口

加熱

→ 水
← 水

有機化合物を
含んだ水

○ミラーの実験
　当時，原始大気の主成分と考えられていた水素，メタン，アンモニア，水を混合した気体を入れた左図のような装置の中で放電を行った。その結果，アミノ酸などの有機物が合成された。
　この実験から，生命の誕生について，どのような仮説を立てることができるだろうか。

◆化学進化

・現在では，原始大気の組成は H_2O，CO_2，N_2 が主成分であったと考えられている。

→これらの気体を使っても実験的に 13＿＿＿＿＿＿＿＿＿ を合成できる。

・海底の熱水噴出孔付近は，メタン（CH_4）や硫化水素（H_2S）などが豊富で，13＿＿＿＿＿＿＿＿＿ が生成しやすいと考えられる。

・隕石が有機物をもたらしたという考えもある。

14＿＿＿＿＿＿＿＿＿：生命が誕生する以前の有機物の生成過程

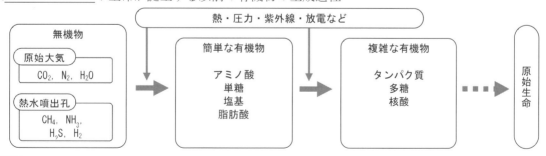

無機物

原始大気
CO_2, N_2, H_2O

熱水噴出孔
CH_4, NH_3,
H_2S, H_2

熱・圧力・紫外線・放電など

簡単な有機物
アミノ酸
単糖
塩基
脂肪酸

複雑な有機物
タンパク質
多糖
核酸

原始生命

Q　最初の生命はどのように誕生したのだろう？

原始地球で無機物から簡単な有機物がつくられ，それらが複雑化して最初の生命の誕生につながった。有機物の生成過程については，原始大気中の物質から紫外線や宇宙線によって有機物が合成されたとする説，海底の 15＿＿＿＿＿＿＿＿＿ 付近で有機物が生成されたとする説，隕石によって有機物がもたらされたとする説などがある。

◤ C ◢ 最初の生物はどのような生きものだったのだろう？

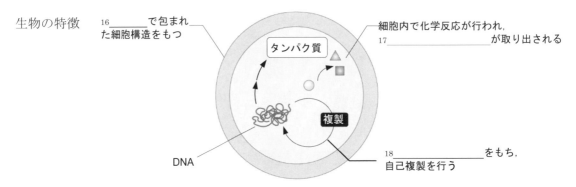

生物の特徴

16＿＿＿＿で包まれた細胞構造をもつ

細胞内で化学反応が行われ，17＿＿＿＿＿＿＿＿＿＿が取り出される

タンパク質

DNA

複製

18＿＿＿＿＿＿＿＿＿＿をもち，自己複製を行う

→これらのしくみがどのようにして成立したかは明らかではない。

・グリーンランドで，約38億年前の岩石から生命の痕跡と思われる物質がみつかっている。

・オーストラリアの約35億年前の岩石からは，微小な生物の化石が発見されている。

→最初の生物は，約38億～40億年前に海中で生活する原核生物として誕生したと考えられている。

○RNAワールド

初期の生命体はRNAを18＿＿＿＿＿＿＿と19＿＿＿＿＿＿の両方に使っていたという説がある。

→この時代を20＿＿＿＿＿＿＿＿＿とよぶ。

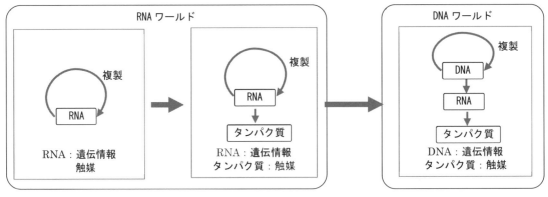

●Memo●

◆従属栄養生物と独立栄養生物

21＿＿＿＿＿＿＿＿＿＿…有機物を外界から取り入れ，その有機物をもとにしてエネルギ

ーを取り出す。

22＿＿＿＿＿＿＿＿＿＿…自力で無機物から有機物を合成する。

・初期の生物：従属栄養生物も独立栄養生物も存在していたと考えられる。

→どちらが先に出現したかはまだわかっていない。

→原始地球の大気には酸素が存在していなかったので，呼吸とは異なる方法でエネルギーを取り

出していたと考えられる。

○初めて 23＿＿＿＿＿＿＿を行った生物

硫化水素や水素を利用して有機物を合成する細菌だったと考えられている。

→24＿＿＿＿＿＿の発生を伴うものではなかった。

○シアノバクテリア

・25＿＿＿＿＿を分解して 24＿＿＿＿＿＿を発生させる光合成を行った最初の生物。

・約 20 数億年前には誕生していた。

Q 　最初の生物はどのような生きものだったのだろう？

・　海中で生活し，26＿＿＿＿＿＿に遺伝情報が保持されていた生物。

・　従属栄養生物だったか独立栄養生物だったかはわかっていないが，大気中に

27＿＿＿＿＿＿は存在していなかったので，呼吸とは異なる方法でエネルギーを取り

出していたと考えられている。

●Memo●

....

....

....

....

....

....

◢ D ◤ シアノバクテリアの出現は地球環境にどのような影響を及ぼしたのだろうか？

地球の大気中の酸素濃度と，二酸化炭素濃度の変遷

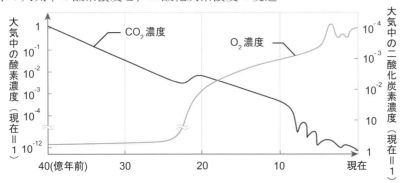

(1) シアノバクテリアの繁栄は，大気にどのような変化をもたらしたのか，図から考えよう。

(2) この変化は，地球環境とその後の生物の進化にどのような影響を及ぼしたのだろうか。

◆酸素増加の影響

・シアノバクテリアの光合成によって放出された酸素

…海中の鉄分などを 28＿＿＿＿＿＿＿。

→大量の 29＿＿＿＿＿＿＿などが海底に沈殿。

・30＿＿＿＿＿＿＿＿＿＿：シアノバクテリアの活動

によってつくられた岩石。

→20 数億年前の地層から多量にみつかっている。

・海中に酸化される物質が少なくなると，酸素は大気中

に放出されるようになった。

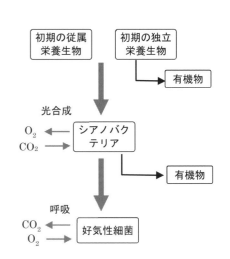

・酸素は，初期の生物にとって有害　→酸素が増加し始めると，酸素のない環境に追いやられたり，酸素を無害化する必要に迫られたりした。

31＿＿＿＿＿＿：酸素を利用して，より多くのエネルギーを得るしくみ。

32＿＿＿＿＿＿＿＿：31＿＿＿＿＿する細菌。

◆オゾン層の形成

○大気中に酸素がある程度たまると，上空に 33＿＿＿＿＿＿＿が形成された。

→生物に有害な 34＿＿＿＿＿＿が吸収され，陸上も生物が生活できる環境となった。

↓

○植物が陸上生活を始めた。

→一部は 35＿＿＿＿＿＿をもち，からだを支える構造が発達したシダ植物となった。

→シダ植物は森林を形成し，さらに大気中の酸素濃度が高くなった。

↓

○陸上生活に適した四肢やかたい外骨格などをもつ動物が現れ，陸上へ進出した。

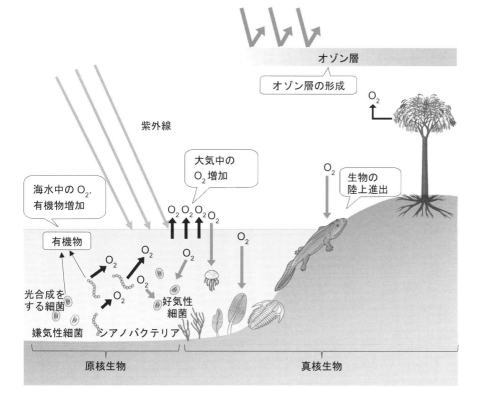

Q シアノバクテリアの出現は地球環境にどのような影響を及ぼしたのだろうか?

36_____によって酸素が放出され，初めは海中の鉄分を酸化し，大量の酸化鉄が沈殿した。その後，酸素は大気中に放出されるようになった。酸素を利用して呼吸する

37_____が現れ，また，38_____が形成されることで，地上に到達する紫外線が減少し，生物が陸上に進出した。

●Memo●

◤E◢ ミトコンドリアと葉緑体の起源はどのようなものか？

原核生物：ミトコンドリアや葉緑体などの 39＿＿＿＿＿＿＿＿＿をもたない単純な構造をしている

◆真核生物の出現

真核生物と推測される最古の化石：約 21 億年前のもの。

グリパニアという単細胞生物。

◆細胞内共生説

マーグリスらの考え：ミトコンドリアや葉緑体は，もともと小さな原核生物だったものが，ほか

の単細胞生物の細胞内に取り込まれ，40＿＿＿＿＿＿することで形成された。

根拠：ミトコンドリアと葉緑体にはそれぞれ独自の 41＿＿＿＿＿＿が存在していること。

細胞内でそれぞれ独自に分裂して増えること。

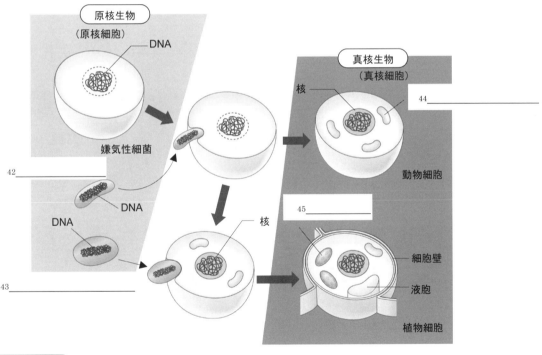

●Memo●

問 **1** 細胞内共生について，次のキーワードを用いて説明しなさい。
（原核細胞，シアノバクテリア，好気性細菌）

```

```

Q ミトコンドリアと葉緑体の起源はどのようなものか？

もともと小さな 46＿＿＿＿＿＿＿＿だったものが，ほかの単細胞生物に取り込まれ，

47＿＿＿＿＿＿＿することで形成されたと考えられる。

●Memo●

1 遺伝子の変化　p.20〜23

月　　日　　検印欄

▶ A ◀ 生物はなぜ多様なのだろうか？

地球上の生物が多様であること　＝　生物の 1_____ が多様であること

・遺伝情報の違いは，同種内の個体間でもみられる。

ヒトゲノムを個人間で比較すると，約 1000 塩基対に 1 個の割合で違いがみつかる。

　　2_____ （SNP）：個体間で一定の範囲の塩基配列中に 1 塩基だけの違い

　　がみられること。

　→ほとんどは，形質の違いとして現れない。

　　ゲノムの多様性につながっており，DNA レベルの個人差を調べる手がかりとなる。

▶ B ◀ 新たな遺伝子・塩基配列はどのようにして生じるか

◆突然変異

・細胞分裂の過程などにおける DNA の 3_____ の変化。

・紫外線・4_____ や一部の化学物質などによって誘発される。

もとの DNA

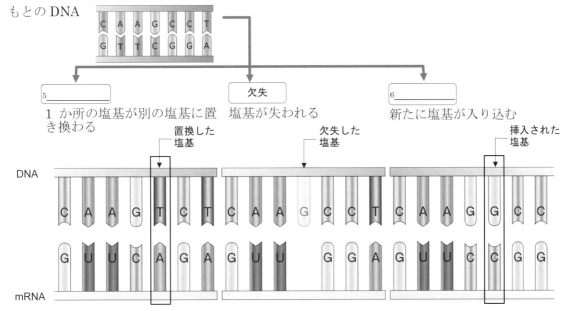

5_____　　　　　　　　欠失　　　　　　　　6_____
1 か所の塩基が別の塩基に置　塩基が失われる　　　　新たに塩基が入り込む
き換わる

置換した塩基　　　　　　欠失した塩基　　　　　挿入された塩基

DNA
mRNA

○タンパク質合成の過程

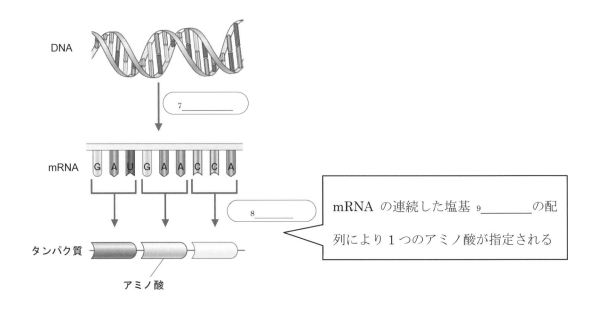

DNA

7_____

mRNA G A U G A A C C A

8_____

タンパク質

アミノ酸

mRNA の連続した塩基 9_____ の配列により 1 つのアミノ酸が指定される

●Memo●

下図に示すある遺伝子の DNA の塩基配列が変化すると，アミノ酸配列にどのような影響が生じるだろうか。

(1)　DNA の 10 番目の塩基が G に置換されると，アミノ酸配列はどうなるか。

(2)　DNA の 12 番目の塩基が A に置換されると，アミノ酸配列はどうなるか。

(3)　塩基置換が起きたときアミノ酸配列がかわる場合とかわらない場合があるのはなぜか。

(4)　15 番目と 16 番目の塩基の間に A が挿入されると，アミノ酸配列はどうなるか。

(5)　19 番目の塩基が欠失すると，アミノ酸配列はどうなるか。

(6)　塩基配列の変化は，タンパク質のアミノ酸配列にどのような影響を与えるか。

遺伝暗号表

1番目の塩基		2番目の塩基				3番目の塩基
		U（ウラシル）	C（シトシン）	A（アデニン）	G（グアニン）	
U		UUU UUC } フェニルアラニン UUA UUG } ロイシン	UCU UCC UCA UCG } セリン	UAU UAC } チロシン UAA UAG } （終止）	UGU UGC } システイン UGA （終止） UGG トリプトファン	U C A G
C		CUU CUC CUA CUG } ロイシン	CCU CCC CCA CCG } プロリン	CAU CAC } ヒスチジン CAA CAG } グルタミン	CGU CGC CGA CGG } アルギニン	U C A G
A		AUU AUC AUA } イソロイシン AUG メチオニン(開始)	ACU ACC ACA ACG } トレオニン	AAU AAC } アスパラギン AAA AAG } リシン	AGU AGC } セリン AGA AGG } アルギニン	U C A G
G		GUU GUC GUA GUG } バリン	GCU GCC GCA GCG } アラニン	GAU GAC } アスパラギン酸 GAA GAG } グルタミン酸	GGU GGC GGA GGG } グリシン	U C A G

（1番目の塩基は行の先頭 U, C, A, G に対応）

◆突然変異と形質への影響

DNA の塩基配列	…C A A G G C T A C C G T C C A A G T C G G …G T T C C G A T G G C A G G T T C A G C C
mRNA の塩基配列 アミノ酸配列	…C A A G G C U A C C G U C C A A G U C G G …グルタミン〉グリシン〉チロシン〉アルギニン〉プロリン〉セリン〉アルギニン

○置換

アミノ酸配列に変化がない	…C A A G G A U A C C G U C C A A G U C G G …グルタミン〉グリシン〉チロシン〉アルギニン〉プロリン〉セリン〉アルギニン

→1つのアミノ酸を指定する塩基配列が複数あるため。

アミノ酸が置換する	…C A A G U C U A C C G U C C A A G U C G G …グルタミン〉バリン〉チロシン〉アルギニン〉プロリン〉セリン〉アルギニン

…形質に変化が現れることがある。

終止コドンが生じる	…C A A G G C U A G …グルタミン〉グリシン〉（終止）

…翻訳が終了してしまうため，形質に大きな影響を与えることが多い。

○欠失・挿入

1塩基の欠失 （フレームシフト）	…C A A G ⊗ C U A C C G U C C A A G U C G G …グルタミン〉アラニン〉トレオニン〉バリン〉グルタミン〉バリン…
1塩基の挿入 （フレームシフト）	…C A A G G C U A C C C G U C C A A G U C G …グルタミン〉グリシン〉チロシン〉プロリン〉セリン〉リシン〉セリン

…その塩基以降のコドンの読み枠がずれ，アミノ酸配列が大幅に変化したり，[10]＿＿＿＿＿＿＿＿が新たに生じたりして，形質に大きな影響が生じる。

14

◆鎌状赤血球貧血症

ヘモグロビン遺伝子内のわずか1か所の塩基の置換が原因で起こる。

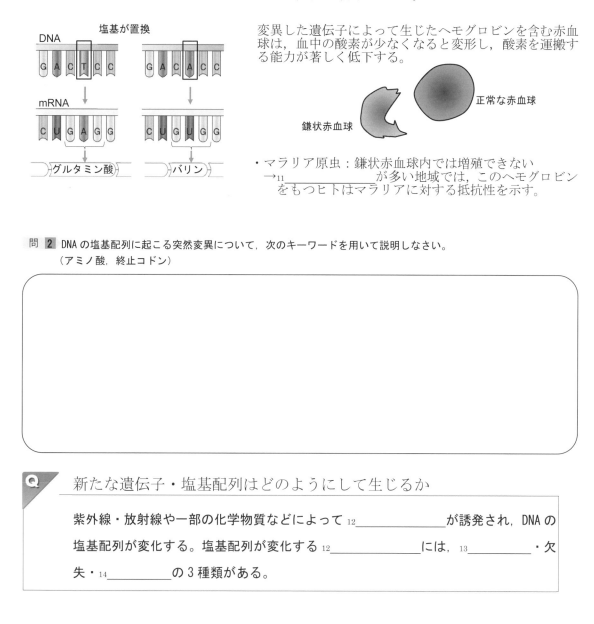

変異した遺伝子によって生じたヘモグロビンを含む赤血球は，血中の酸素が少なくなると変形し，酸素を運搬する能力が著しく低下する。

正常な赤血球

鎌状赤血球

・マラリア原虫：鎌状赤血球内では増殖できない
→ 11＿＿＿＿＿＿＿＿＿＿が多い地域では，このヘモグロビンをもつヒトはマラリアに対する抵抗性を示す。

問 2 DNAの塩基配列に起こる突然変異について，次のキーワードを用いて説明しなさい。
（アミノ酸，終止コドン）

Q 新たな遺伝子・塩基配列はどのようにして生じるか

紫外線・放射線や一部の化学物質などによって 12＿＿＿＿＿＿＿＿が誘発され，DNAの塩基配列が変化する。塩基配列が変化する 12＿＿＿＿＿＿＿＿には，13＿＿＿＿＿＿・欠失・14＿＿＿＿＿＿の3種類がある。

●Memo●

◢2◣ 遺伝子の組合せの変化　p.24〜33

月　　日

検印欄

◢A◣ 染色体の構成と遺伝子

◆染色体の構成

1＿＿＿＿＿＿＿＿＿＿：2本ずつ対になって存在する 2＿＿＿＿＿＿ と 3＿＿＿＿＿ が同じ染色体。

ヒトの体細胞には 4＿＿＿＿対ある。

$2n = 46$ と表される。

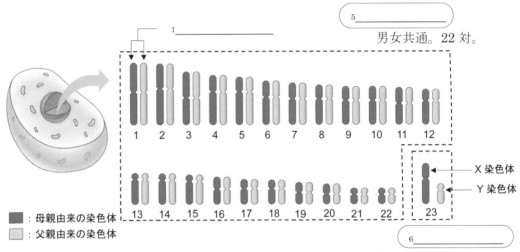

5＿＿＿＿＿＿＿＿

男女共通。22 対。

6＿＿＿＿＿＿＿＿

男女で組合せが異なる。1 対。
ヒトでは X 染色体と Y 染色体の 2 種類。

X 染色体
Y 染色体

■：母親由来の染色体
■：父親由来の染色体

性染色体による性決定の様式

性決定様式	性染色体	生物例
XY 型	XX(雌)　XY(雄)	ヒト，キイロショウジョウバエ
XO 型	XX(雌)　XO(雄)	スズムシ，トノサマバッタ
ZW 型	ZW(雌)　ZZ(雄)	カイコガ，ニワトリ
ZO 型	ZO(雌)　ZZ(雄)	ドバト，ミノガ

XO 型：性決定にかかわる染色体が 1 種類で，性染色体を 1 本しかもた
　　　ないときに雄になる様式。
ZW 型：性染色体がヘテロ接合で雌になり，ホモ接合で雄になる様式。
ZO 型：性決定にかかわる染色体が 1 種類で，性染色体を 1 本しかもたな
　　　いときに雌になる様式。

◆遺伝子座と対立遺伝子

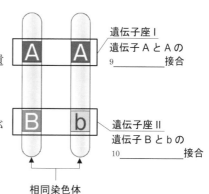

・7＿＿＿＿＿＿＿＿：各遺伝子の染色体上の位置。

　体細胞では，相同染色体が2本ずつ存在するため，ある遺

　伝子に関する遺伝子座も対になっている。

・8＿＿＿＿＿＿＿＿：ある遺伝子座に存在する，塩基配列が

　わずかに異なる遺伝子。

・遺伝子型：遺伝子の組合せ。

　9＿＿＿＿＿接合：AA，aa のように同じ遺伝子をもつ状態。

　10＿＿＿＿＿＿接合：Aa のように異なる遺伝子をもつ状態。

◤ B ◢ 遺伝情報はどのようにして分配されるのだろうか？

11＿＿＿＿＿＿＿＿：生じた子は親と全く同じ遺伝情報を

　　　　　　　　　もつ。

12＿＿＿＿＿＿＿＿：卵や精子などの配偶子が合体することで新しい個体をつくる。両親の配偶子か

　　　　　　　　　らそれぞれの遺伝情報を引き継ぐため，親と遺伝的に異なるさまざまな個体が

　　　　　　　　　生じる。

　配偶子…13＿＿＿＿＿＿＿＿によってつくられる。

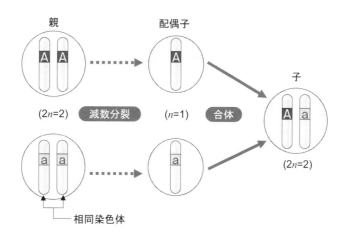

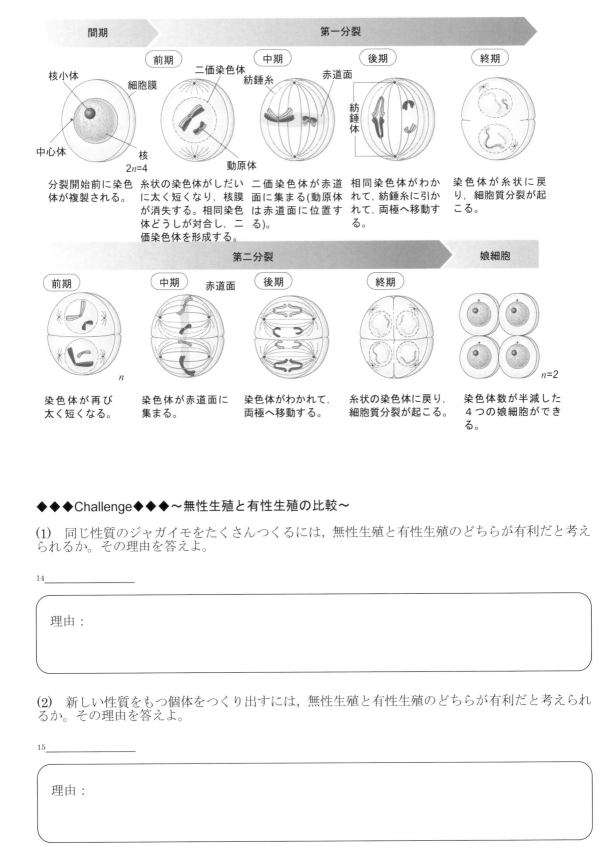

| 間期 | 第一分裂 | | | |

間期

核小体
細胞膜
中心体
核
$2n=4$

分裂開始前に染色体が複製される。

第一分裂

前期

二価染色体
紡錘糸
動原体

糸状の染色体がしだいに太く短くなり，核膜が消失する。相同染色体どうしが対合し，二価染色体を形成する。

中期

赤道面

二価染色体が赤道面に集まる(動原体は赤道面に位置する)。

後期

赤道面
紡錘体

相同染色体がわかれて，紡錘糸に引かれて，両極へ移動する。

終期

染色体が糸状に戻り，細胞質分裂が起こる。

第二分裂

前期

n

染色体が再び太く短くなる。

中期

赤道面

染色体が赤道面に集まる。

後期

染色体がわかれて，両極へ移動する。

終期

糸状の染色体に戻り，細胞質分裂が起こる。

娘細胞

$n=2$

染色体数が半減した4つの娘細胞ができる。

◆◆◆Challenge◆◆◆～無性生殖と有性生殖の比較～

(1) 同じ性質のジャガイモをたくさんつくるには，無性生殖と有性生殖のどちらが有利だと考えられるか。その理由を答えよ。

14＿＿＿＿＿＿＿＿

理由：

(2) 新しい性質をもつ個体をつくり出すには，無性生殖と有性生殖のどちらが有利だと考えられるか。その理由を答えよ。

15＿＿＿＿＿＿＿＿

理由：

(3) ジャガイモ以外に，無性生殖と有性生殖の両方を行う生物にはどのようなものがあるか調べてみよう。

◆減数分裂と染色体の組合せ

○相同染色体が 2 対ある場合（$2n = 4$）

・1 対あたり，配偶子への入り方が 16＿＿＿＿ 通りある。

　→2 対を組み合わせると，配偶子がもつ染色体の組合せは

　　　17＿＿＿＿＝18＿＿＿＿通り　となる。

○相同染色体が 3 対ある場合（$2n = 6$）

　→配偶子がもつ染色体の組合せは

　　　19＿＿＿＿＝20＿＿＿＿通り　となる。

○相同染色体が 23 対ある場合（$2n = 46$，ヒト）

　→配偶子がもつ染色体の組合せは

　　　21＿＿＿＿＝ 8388608　通りとなる。

有性生殖では，22＿＿＿＿＿＿＿＿によって生じた多様な配偶子が結びつくため，遺伝的に多様な子が生じる。

Q　遺伝情報はどのようにして分配されるのだろうか？

23＿＿＿＿＿＿＿＿によって形成される 24＿＿＿＿＿＿＿には，25＿＿＿＿＿＿＿の各対からどちらかが入る。その結果，24＿＿＿＿＿＿＿のもつ染色体の組合せは多様になり，受精の際に遺伝的に多様な子が生じる。

◢ C ◣ 減数分裂によって，どのようにして多様な遺伝子の組合せが生じるのだろうか？

◆1組の対立遺伝子

26＿＿＿＿＿＿：遺伝子型に基づいて実際に現れる形質。

・遺伝子型が Aa の個体が AA の個体と同じ表現型になる場合

　　　遺伝子 A…27＿＿＿＿＿＿遺伝子。

　　　遺伝子 a…28＿＿＿＿＿＿遺伝子。

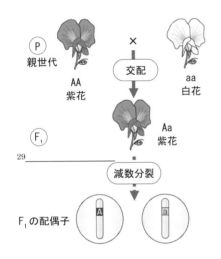

29＿＿＿＿＿＿＿＿＿＿

・遺伝子型 Aa の個体のつくる配偶子

　→遺伝子 A をもつものと遺伝子 a をもつ

　　ものが同数生じる。

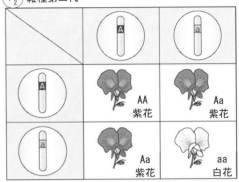

F_2 の分離比　　紫花：白花＝3:1

・遺伝子型 Aa の個体を自家受精

　　生じる子の個体数の比は，

　　　AA：Aa：aa ＝30＿＿＿：31＿＿＿：32＿＿＿

　　　紫花：白花 ＝33＿＿＿：34＿＿＿

◆2組の対立遺伝子

A と a，B と b は 35＿＿＿＿＿＿している。

→2組の対立遺伝子が異なる相同染色体上にある。

A と a，D と d は 36＿＿＿＿＿＿している。

→2組の対立遺伝子が一対の相同染色体上にある。

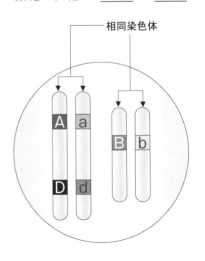

【遺伝子の独立】

エンドウ：種子が丸の遺伝子（A）は，しわの遺伝子（a）に対して顕性。

　　　　子葉が黄色の遺伝子（B）は，緑色の遺伝子（b）に対して顕性。

Aとa，Bとbが独立しているとき，遺伝子型AaBbの個体では，下図のように配偶子がつくられる。

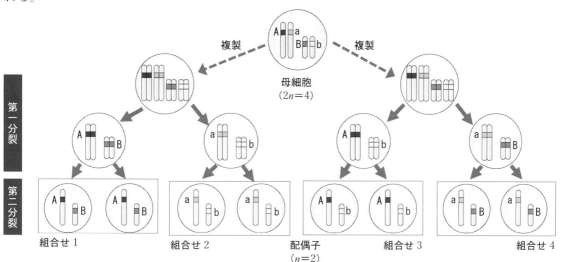

遺伝子型AaBbの個体がつくる配

偶子の種類とその比率は，

AB : Ab : aB : ab

　　$=_{37}$＿＿＿＿ : $_{38}$＿＿＿＿ : $_{39}$＿＿＿＿ : $_{40}$＿＿＿＿

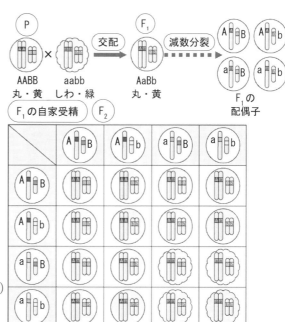

右図のF$_1$の個体（遺伝子型AaBb）を自家

受精させると，F$_2$の表現型の分離比は，

（丸・黄）：（丸・緑）：（しわ・黄）：（しわ・緑）

　　$=_{41}$＿＿＿＿ : $_{42}$＿＿＿＿ : $_{43}$＿＿＿＿ : $_{44}$＿＿＿＿

【遺伝子の連鎖】

遺伝子 A, a と D, d について, 遺伝子 A と D,

a と d がそれぞれ連鎖している場合,

遺伝子型 AaDd の個体がつくる配偶子の遺伝子

型は基本的に 45_____ と 46_____ である。

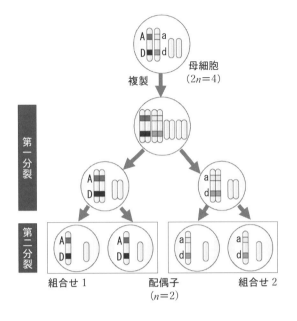

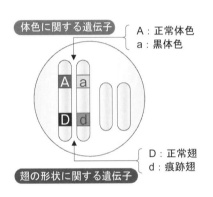

キイロショウジョウバエの体色と翅の形状には, 正常体色と黒体色, 正常翅と痕跡翅の形質があり, それぞれの形質を決める対立遺伝子は同じ染色体上にあり, 連鎖している。

遺伝子型 AADD の個体と遺伝子型 aadd の個体を用いた p. 30 の実験について考えてみよう。

(1) 方法❸において, 管びん③で羽化した成虫には, どのような遺伝子型の個体が存在すると予想されるか。また, その表現型は何か。

遺伝子型：47_____

表現型：48_____体色, 49_____翅

(2) 方法❺において管びん④で羽化した成虫には, どのような遺伝子型の個体が存在すると予想されるか。また, その表現型は何か。

遺伝子型：(50_____), (51_____)

表現型：(52_____色, 53_____翅), (54_____体色, 55_____翅)

実験結果

形質	正常体色・正常翅	正常体色・痕跡翅	黒体色・正常翅	黒体色・痕跡翅
雄	39	4	4	37
雌	37	3	4	35
合計	76	7	8	72

(3) 体色と翅の形状の遺伝子が連鎖しているとすると，実験結果において，親と異なる表現型の個体が出現しているのはなぜだろうか。

●Memo●

◆乗換え，組換え

56＿＿＿＿＿＿：減数分裂第一分裂において，相同染色体の一部を交換すること。

57＿＿＿＿＿＿：染色体の乗換えによって対立遺伝子の組合せがかわること。

2組の遺伝子(Aとa，Dとd)のうち，
AとD，aとdが58＿＿＿＿＿＿している。

複製

組換えが起こらない場合

組換えが起こる場合

第一分裂

第二分裂

組換えにより生じた配偶子

問 3 有性生殖において，遺伝的に多様な子が生じるしくみを，次のキーワードを用いて説明しなさい。
（減数分裂，配偶子，組換え）

Q 減数分裂によって，どのようにして多様な遺伝子の組合せが生じるのだろうか？

59＿＿＿＿＿＿によって生じた配偶子が受精することで多様な遺伝子の組合せが生じる。このとき，2組の対立遺伝子が60＿＿＿＿している場合でも，減数分裂の過程において61＿＿＿＿＿が起こり，その結果，遺伝子の62＿＿＿＿＿が起こることで新たな60＿＿＿＿が生じ，配偶子のもつ遺伝子の組合せはより多様になる。

◢ D ◣ 遺伝子の組合せの多様化につながる他の要因は？

◆染色体突然変異

染色体の 63_____ や 64_____ に変化が起きること。

染色体の変化は，形質に重大な影響を与えることが多い。

○数の変化

　　65_____…染色体の数が不足または過剰になった個体。

　　66_____…染色体の数が2倍，3倍となった個体。

○構造的な変化

正常	ⒶⒷⒸⒹⒺ	
67_____	ⒶⒸⒹⒺ	染色体の一部がかける
重複	ⒶⒷⒷⒸⒹⒺ	染色体の一部が重複する
逆位	ⒶⒸⒷⒹⒺ	遺伝子の順番が逆転する
68_____	ⒻⒼⒽⒸⒹⒺ	染色体の一部が他の染色体とつながる

※Ⓐ，Ⓑなどは遺伝子を表す。

◆遺伝子の重複

ある遺伝子が同じ配列を反復し2つ以上になること。

→多様な遺伝子をうみ出す上で重要である。

赤色オプシン遺伝子

ヒトと曲鼻猿類の共通祖先 ─ R

遺伝子の 69_____

R　　R

70_____

ヒト ─ R　　G

緑色オプシン遺伝子

ヒトの赤色オプシン遺伝子と緑色オプシン遺伝子は，塩基配列が類似しており，X染色体上に隣り合って存在している。

◆不等交叉

減数分裂の際に, 相同染色体の異なる遺伝子座間で 71＿＿＿＿＿＿が起こること。不等交叉によって, 遺伝子の重複や遺伝子の欠失が生じた染色体が次世代に伝わると, 形質が変化することがある。

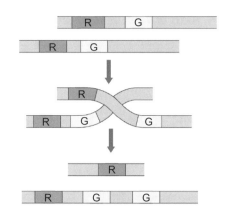

Q 遺伝子の組合せの多様化につながる他の要因は？

染色体の数や構造に変化が起こる 72＿＿＿＿＿＿＿＿＿＿, ある遺伝子が同じ配列を反復して 2 つ以上になる遺伝子の 73＿＿＿＿＿, 減数分裂で乗換えが生じた際に相同染色体の異なる遺伝子座間で交換が生じる 74＿＿＿＿＿＿＿などがある。

●Memo●

3 進化のしくみ p.34〜44

月　　日

検印欄

▼ A 進化とはどのような現象だろうか？

・生物集団における 1＿＿＿＿＿＿＿＿＿＿が，時間の経過とともに変化すること。

　　生物個体に生じた遺伝子の変化が，集団内に広まる。

　　何らかの原因で 2＿＿＿＿＿＿＿＿＿＿＿＿（遺伝子頻度）が変化する。

・進歩や発展の意味をもたない。

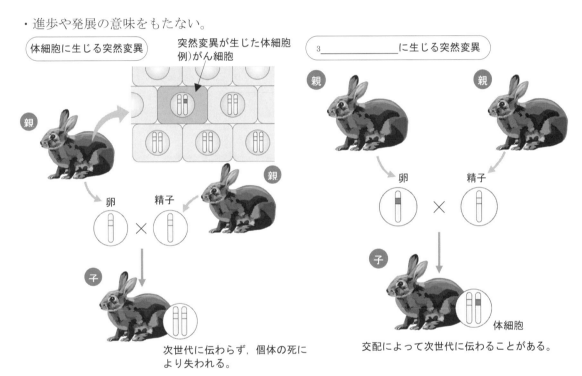

体細胞に生じる突然変異

突然変異が生じた体細胞
例）がん細胞

3＿＿＿＿＿＿＿に生じる突然変異

親

親　　親

卵　　精子

卵　　精子

子

子

体細胞

次世代に伝わらず，個体の死に
より失われる。

交配によって次世代に伝わることがある。

Q 進化とはどのような現象だろうか？

　　生物集団において，時間の経過とともに，生物個体に生じた遺伝子の変化が，集団内
に広まっていったり，何らかの原因で 4＿＿＿＿＿＿＿＿＿＿（遺伝子頻度）が変
化したりする現象。

●Memo●

◢ B ◣ 新しい形質はどのようにして広まるのだろうか

◆遺伝子プール

5＿＿＿＿＿＿＿＿＿：ある１つの種で構成された生物集団がもつ遺伝子全体。

親世代

A a

A A

A a

a a

A a

遺伝子プール

A   A   a

a

A   A

a   A   a

表現型の比率
紫：白＝6＿＿＿＿：7＿＿＿＿
遺伝子の比率
AA：Aa：aa＝8＿＿＿＿：9＿＿＿＿：10＿＿＿＿

遺伝子Aの頻度＝　　　　（＝ 0.5）
　　　　　　　　11＿＿＿＿

遺伝子aの頻度＝　　　　（＝ 0.5）
　　　　　　　　12＿＿＿＿

次世代

A A

A A

A a

a a

A a

遺伝子プール

A   a   A

a   A   A

A   a   A

表現型の比率
紫：白＝13＿＿＿＿：14＿＿＿＿
遺伝子の比率
AA：Aa：aa＝15＿＿＿＿：16＿＿＿＿：17＿＿＿＿

遺伝子Aの頻度＝　　　　（＝ 0.6）
　　　　　　　　18＿＿＿＿

遺伝子aの頻度＝　　　　（＝ 0.4）
　　　　　　　　19＿＿＿＿

→5＿＿＿＿＿＿＿＿＿における対立遺伝子のそれぞれの割合（遺伝子頻度）の変化によって

進化を考える必要がある。

●Memo●
....
....
....
....

28

◆自然選択

対立遺伝子の間で生存や生殖に与える影響が異なる場合，相対的に不利な対立遺伝子の割合が減少し，相対的に有利な対立遺伝子が集団に広まる。

→20＿＿＿＿＿＿＿＿＿という。

・現在の地球には多種多様な生物が生存し，それぞれが生息する環境に適した形質を備えている。

→より環境に適した形質をもつものが生き残り，多くの子を残した結果であると考えられる。

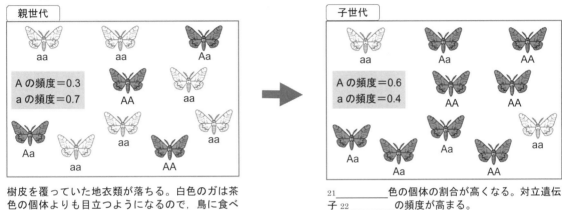

樹皮を覆っていた地衣類が落ちる。白色のガは茶色の個体よりも目立つようになるので，鳥に食べられやすくなり，21＿＿＿＿＿＿＿色の個体の方が生存に有利となる。

21＿＿＿＿＿＿＿色の個体の割合が高くなる。対立遺伝子22＿＿＿＿＿＿＿の頻度が高まる。

・23＿＿＿＿＿＿＿＿＿：異性をめぐる競争によって特定の遺伝的特徴が進化するしくみ。

　　（例）　クジャクの雄の飾り羽，ライオンのたてがみ，シカの角，ウグイスの鳴き方

・24＿＿＿＿＿＿＿＿＿：複数の種が，互いに影響を及ぼし合いながら進化すること。

　　（例）　ヤリハシハチドリとトケイソウ

●Memo●

29

◆遺伝的浮動

25_____

・世代を伝わるときに偶然によって遺伝子頻

度が変化すること。

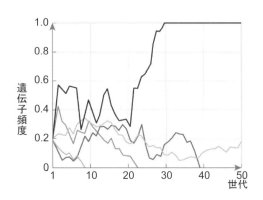

ある生物集団において，最初の遺伝子頻度が 0.2 であった
遺伝子が世代の経過とともにどのように変化するかを模式
的に示している。その遺伝子が集団全体に広まると頻度は
1，集団から除去されると 0 になる。なお，集団の個体数が
小さいと遺伝子頻度の変化が大きい。

○26_____効果

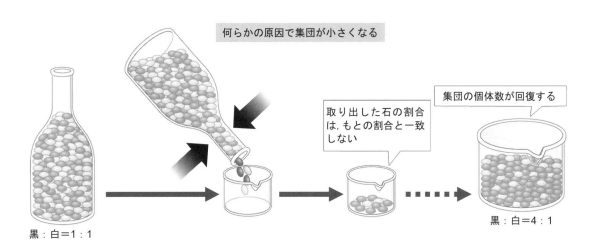

何らかの原因で集団が小さくなる

取り出した石の割合
は，もとの割合と一致
しない

集団の個体数が回復する

黒：白＝1：1

黒：白＝4：1

○27_____効果…少数個体が移動して新しい集団をつくる場合に，びん首効果と同様の原

理で遺伝子頻度が変化すること。

問 4 遺伝的浮動について，次のキーワードを用いて説明しなさい。
（遺伝子頻度，びん首効果）

◆生物集団と遺伝子

仮想集団

(1)　個体数が十分に多い。

(2)　外部との個体の出入りがない。

(3)　28＿＿＿＿＿＿＿＿＿＿が起こらない。

(4)　29＿＿＿＿＿＿＿＿＿＿がまったく働かない。

(5)　自由に交配が行われている。

→このような仮想集団では，どの遺伝子座についてもその集団内の遺伝子頻度は，世代を重ねて

も変化しない。これを　30＿＿＿＿＿＿＿＿＿＿＿＿＿＿＿＿＿＿＿という。

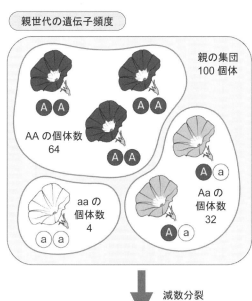

親世代の遺伝子頻度

親の集団 100 個体

AA の個体数 64

aa の個体数 4

Aa の個体数 32

親の遺伝子型の割合
AA : Aa : aa ＝ 64 : 31＿＿＿＿＿ : 4

遺伝子 A の総数
＝ 32＿＿＿＿＿×2＋33＿＿＿＿＿ ＝ 160

遺伝子 a の総数
＝ 4×34＿＿＿＿＿＋32 ＝ 40

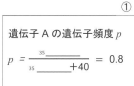
①

遺伝子 A の遺伝子頻度 p

$$p = \frac{35\underline{\qquad}}{35\underline{\qquad}+40} = 0.8$$

遺伝子 a の遺伝子頻度 q

$$q = \frac{36\underline{\qquad}}{160+36\underline{\qquad}} = 0.2$$

遺伝子 A と a の遺伝子頻度を
それぞれ p, q（$p + q = 1$）と
する。

減数分裂

配偶子

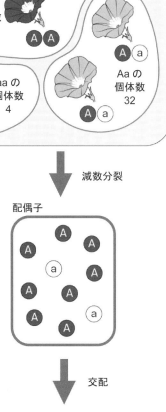

交配

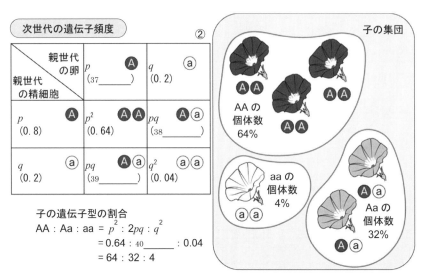

次世代の遺伝子頻度 ②

親世代の卵 親世代の精細胞	p Ⓐ (37_____)	q ⓐ (0.2)
p Ⓐ (0.8)	p^2 ⒶⒶ (0.64)	pq Ⓐⓐ (38_____)
q ⓐ (0.2)	pq Ⓐⓐ (39_____)	q^2 ⓐⓐ (0.04)

子の遺伝子型の割合
$$AA : Aa : aa = p^2 : 2pq : q^2$$
$$= 0.64 : {}_{40}\underline{} : 0.04$$
$$= 64 : 32 : 4$$

子の集団

AA の個体数 64%

aa の個体数 4%

Aa の個体数 32%

対立遺伝子の総数
$= 2 (p^2+2pq+q^2)$

③

遺伝子 A の遺伝子頻度
$$= \frac{{}_{41}\underline{}}{2(p^2+2pq+q^2)} = \frac{2p(p+q)}{2(p+q)^2}$$
$$= p = 0.8$$

遺伝子 a の遺伝子頻度
$$= \frac{{}_{42}\underline{}}{2(p^2+2pq+q^2)} = \frac{2q(p+q)}{2(p+q)^2}$$
$$= q = 0.2$$

仮想集団での自由交配の結果，親世代と次世代では遺伝子型の割合も遺伝子頻度も変化していない。

・自然界では，(1)～(5)のすべての条件が成立することがない（ハーディ・ワインベルグの法則は自然界では成立しない）ので，遺伝子頻度の変動が起きている。

　→進化は，さまざまな要因により集団の遺伝子構成が変化したときに起こる。

Q 新しい形質はどのようにして広まるのだろうか？

生物集団に存在する遺伝的変異の中から，生存や生殖に不利なものが減少し，有利なものが集団中に広まっていく ₄₃_____と，世代を伝わるときに偶然によって遺伝子頻度が変化する ₄₄_____によって広まる。

●Memo●

▚ C ▚ どのようにして新しい種が形成されるのだろうか？

45＿＿＿＿＿＿＿＿…生物集団の中で，新しい遺伝子構成が定着して，新しい種が生じること。

→生物の小集団化や隔離によって起こると考えられている。

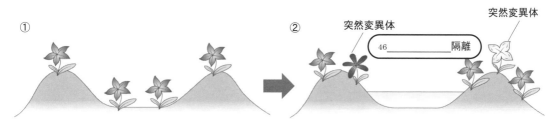

① ある１種の植物 a が広く分布していた。

② 海などができて集団が隔離されて，それぞれの小集団で突然変異が起きる。
突然変異体　突然変異体
46＿＿＿＿＿＿＿隔離

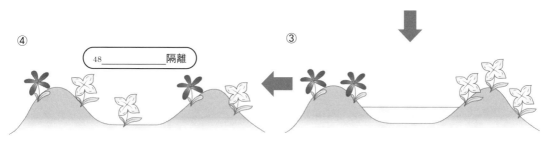

④ 生殖にかかわる突然変異が起きていた場合，46＿＿＿＿＿＿＿隔離がなくなっても交配できなくなる。
48＿＿＿＿＿＿＿隔離

③ 47＿＿＿＿＿＿＿＿＿＿や自然選択によって変異が広がり，各集団の遺伝子構成が変化する。

◆地理的隔離

山や海などによって 49＿＿＿＿＿＿＿＿＿＿され，１つの集団がいくつかの集団にわかれる現象。

→集団が小さくなり，交配できる範囲がせばめられる。

◆生殖的隔離

生殖にかかわる 50＿＿＿＿＿＿＿が起きて集団内に広まり，50＿＿＿＿＿＿＿による形質をもつ

個体とそれ以外の個体が交配できなくなるか，生殖能力のある子を残せなくなる状態。

（例）　求愛行動の変化，生殖器官の変化など

→生殖的隔離の成立によって，51＿＿＿＿＿＿＿したとみなすことができる。

◆進化のしくみ

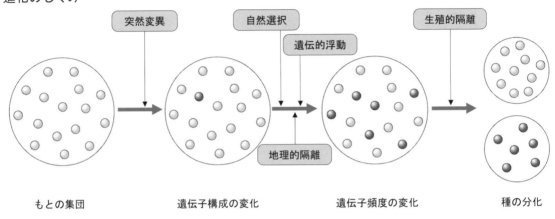

もとの集団　　　　　　遺伝子構成の変化　　　　　遺伝子頻度の変化　　　　種の分化

進化

・突然変異や自然選択，遺伝的浮動などが影響し合い，集団の 52＿＿＿＿＿＿＿が変化すること。

・53＿＿＿＿＿＿＿＿＿の影響は，集団が小集団となるとより大きなものとなる。

・新しい種は，54＿＿＿＿＿＿＿が成立することによって生じると考えられている。

Q どのようにして新しい種が形成されるのだろうか？

新しい種は，生殖に関わる形質の遺伝子に 55＿＿＿＿＿＿＿が生じ，56＿＿＿＿＿＿＿が

成立することによって生じると考えられている。

●Memo●

◤ C ◢ 分子進化と中立説

同種の生物間で DNA の塩基配列を比較すると，多くの差異が存在する。

・57_____ ：塩基配列やアミノ酸にみられる分子レベルの変化。

・塩基配列における突然変異は，その部分はが，個体の生存に有利でも不利でもない。

→自然選択の影響が及ばない。

　塩基の置換が起きても同じアミノ酸が指定される場合は，合成されるタンパク質はかわらない。

　→58_____突然変異という。

・59_____ ：突然変異の多くは中立であるという考え方。

　　　　　　　　60_____によって提唱された。

中立な突然変異でも遺伝的浮動によって集団内に広がっていき，進化の要因になりうると考えられている。

●Memo●

1 生物の系統と進化　p.46〜51

月　　日　　検印欄

▶ A ◀ 生物の系統関係はどのようにして調べられるのか？

◆生物の分類と系統

分類：類似した仲間ごとにグループわけすること。

1＿＿＿＿＿＿：生物がたどってきた進化の道筋。

系統分類：系統に基づいて生物を分類する方法。

2＿＿＿＿＿＿＿：生物の系統関係を樹状に表した図。

◆形質による系統の調べ方

生物が共通の祖先から進化し多様化したと考えると，共通する生物学的な特徴が多いほど，2種の生物は，共通する祖先からわかれたあとの時間が短いと考えられる。

表をもとに，系統樹を作成しよう。

	四肢	羊膜	胎盤
コイ	なし	なし	なし
イモリ	あり	なし	なし
カンガルー	あり	あり	不完全
イヌ	あり	あり	あり
ヒト	あり	あり	あり

羊膜は，発生時に胚を包む膜である。カンガルーは，胎盤が不完全で未熟な胎児を出産する。

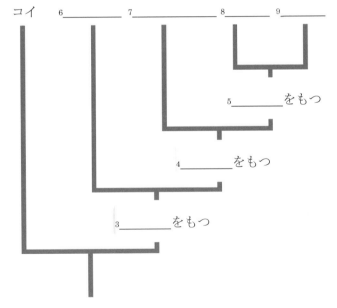

コイ　6＿＿＿＿＿　7＿＿＿＿＿＿　8＿＿＿＿　9＿＿＿＿＿

5＿＿＿＿＿＿をもつ

4＿＿＿＿＿＿をもつ

3＿＿＿＿＿＿をもつ

◆分子による系統の調べ方

10_____…DNA の塩基配列やタンパク質のアミノ酸配列など，生体を構成する物質の

分子データを用いてつくられた系統樹。

あるタンパク質について，アミノ酸の置換が無作為に起こると仮定すると，世代を経るにつれて

2 種の生物の間で異なるアミノ酸の数は，増加すると考えられる。

下の表をもとに，5 種の生物についての系統樹を作成してみよう。

脊椎動物 5 種のヘモグロビン α 鎖の間で異なるアミノ酸
の数

	コイ	イモリ	カンガルー	イヌ	ヒト
コイ		74	71	67	68
イモリ			67	65	62
カンガルー				33	27
イヌ					23
ヒト					

ヘモグロビン α 鎖は，141 個のアミノ酸で構成されている。

コイ

14_____

13_____

12_____

11_____

図 2　分子系統樹

課題 1　図 2 の系統樹を，前ページで作成した形態や生殖方法に基づく系統樹と比較した場合，どのようなことがわかるか。

◆見直される系統樹

分子に基づく研究の結果，新たな系統関係が明らかになる場合がある。

カメの系統樹

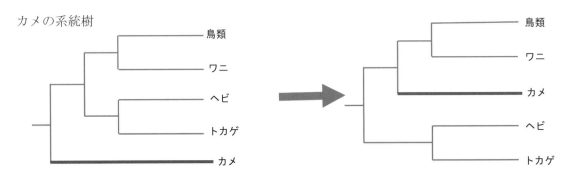

Q 生物の系統関係はどのようにして調べられるのか？

生物の系統関係は，細胞の構造，形態，生殖の方法，発生の過程などの 15_____ を
比較したり，DNA の 16_____ やタンパク質の 17_____ など，生
体を構成する物質の分子データを比較したりすることで調べられる。

●Memo●

B 分子系統樹を用いると，どのようなことがわかるだろうか？

・生体のタンパク質を構成するアミノ酸は 20 種類に限られる。

・遺伝暗号はすべての生物で共通。

→分子系統樹の作成は，広い範囲の生物間で可能。

　多くの数量的な情報が得られ，統計的な解析によって精度の高い研究を行うことができる。

◆分子進化

○ヘモグロビンのアミノ酸配列

・18＿＿＿＿＿の種間では同じ部分が多い。

・類縁関係が 19＿＿＿＿＿種間では違いが大きい。

・2 種の生物間のアミノ酸置換数は，共通祖先から分岐した後の 20＿＿＿＿＿に比例して多くなる傾向がある。

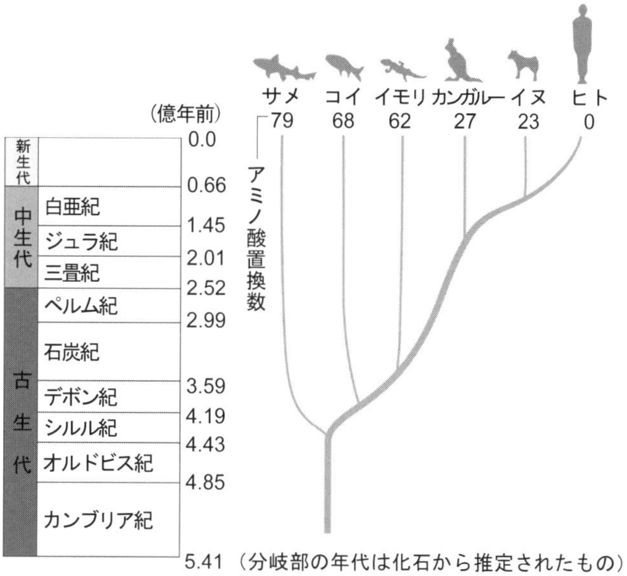

(億年前)
0.0
新生代
0.66
中生代
白亜紀
1.45
ジュラ紀
2.01
三畳紀
2.52
古生代
ペルム紀
2.99
石炭紀
3.59
デボン紀
4.19
シルル紀
4.43
オルドビス紀
4.85
カンブリア紀
5.41
サメ 79
コイ 68
イモリ 62
カンガルー 27
イヌ 23
ヒト 0
アミノ酸置換数

（分岐部の年代は化石から推定されたもの）

●Memo●

・DNA の塩基配列やタンパク質のアミノ酸配列の変化の速度は，21＿＿＿＿＿＿＿＿とよばれる。

→分子時計を用いて，2種の生物が分岐した年代を推定することができる。

・塩基配列やアミノ酸配列の変化速度は，遺伝
　子やタンパク質の種類によって異なる。

→一般に，生物の生存にとって重要なものほど
　変化速度が 22＿＿＿＿＿＿。

　同じタンパク質や遺伝子内でも，領域によっ
　て変化速度が異なる。

タンパク質の変化速度

タンパク質	変化速度
フィブリノペプチド	8.3
ヘモグロビン	1.2
シトクロム C	0.3
ヒストン	0.01

　変化速度 1 は，10 億年に 1 回アミノ酸が置換することを表す。
　フィブリノペプチドは，フィブリン（血液凝固に働くタンパク質）の生成時に除去される部分で，生物の生存にとって重要度が低く，変化しやすい。一方，シトクロム C，ヒストンは生物の生存にとって重要なタンパク質なので，アミノ酸が変化しにくい。

問 5 分子時計について，次のキーワードを用いて説明しなさい。
　　　（アミノ酸配列，塩基配列）

●Memo●

40

◆生物の分類体系

【分類の階級】　分類の体系は，各階級に所属する生物を上位の階級の 23＿＿＿＿＿＿にまとめ

ていく方法でつくられる。

種を基本単位として，下位から順に，

　24＿＿＿＿　25＿＿＿＿　目　綱　門　界　となる。

　24＿＿＿＿…近縁な種をまとめたもの。

　25＿＿＿＿…近縁な属をまとめたもの。

【3ドメイン説】　26＿＿＿＿＿＿＿＿らは，rRNA の塩基配列を分析することで，原核生物をアーキ

ア（古細菌）と細菌（バクテリア）の2つのグループに分け，界の上に 27＿＿＿＿＿＿＿＿とよば

れる新たな分類階級をつくることを提唱した。

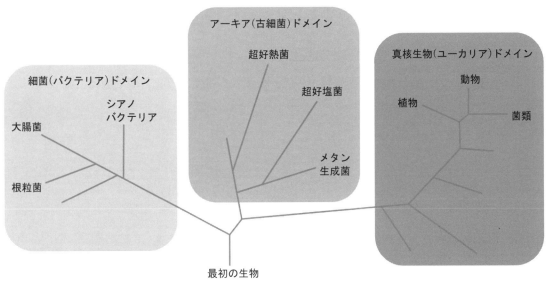

→真核生物は 28＿＿＿＿＿＿よりも 29＿＿＿＿＿＿＿に近縁。

●Memo●

41

◆学名

・生物の名前は，世界共通の名称である学名によって表記される。

・1つの種の学名は，30_____と 31_____を並べて表す。

　…二名法という。32_____によって確立された。

　　　ヒトの学名　　*Homo　sapiens*

　　　　　　　　　　／　　　　＼

　　　　　30_____　　31_____

和名：日本で一般的に用いられている生物の名前。規約がなく，慣用的。

Q　　分子系統樹を用いると，どのようなことがわかるだろうか？

細菌や動物，植物などの広い範囲の生物の 33_____関係がわかる。また，

34_____をもちいて生物が分岐した年代を推定することができる。

●Memo●

2　人類の系統と進化　p.52〜58

月　　日

検印欄

▶ A ◀ 霊長類の特徴は何だろうか？

霊長類…祖先は中生代末期に現れた，1＿＿＿＿＿＿に似た動物。

2＿＿＿＿＿＿＿：脳が小さく，鼻の孔が曲がっている。

→霊長類の共通祖先がもっていた特徴を多く残している。

3＿＿＿＿＿＿＿：2＿＿＿＿＿＿＿以外の霊長類。

ウマやウサギなどの動物の両眼が顔の側方にある利点は何だろうか。

霊長類の両眼が正面を向いている利点は何だろうか。

爪の形

4＿＿＿＿＿＿

5＿＿＿＿＿＿

爬虫類や多くの哺乳
類がもつ

霊長類の大部分がもつ

（ネコ）　　　　　　（ヒト）

手の形

ヒト第一指は他の指と離れており，指の腹どうしを
向かい合わせることができる。

（ツパイ）　　　　　（ヒト）

6＿＿＿＿＿＿＿＿＿とよばれる。

かぎ爪の利点は何だろうか。

かぎ爪より平爪の方が適しているのは，どのような場合だろうか。

◆霊長類の特徴

① 前方を向いていて 7＿＿＿＿＿＿が可能な眼。

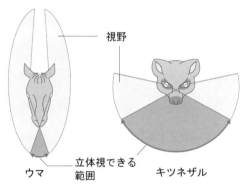

視野

立体視できる
範囲

ウマ

キツネザル

両眼が左右に離れて顔の 8＿＿＿＿＿にある。

→視野は 9＿＿＿＿＿が，立体的に見える範囲

　は狭い。

両眼が顔の前面にあり 10＿＿＿＿＿にを向

いている。

→視野は 11＿＿＿＿＿が，7＿＿＿＿＿で

きる視野が広がる。

②物を握るのに適した手足と 12＿＿＿＿＿をもつ。

・指が長く，13＿＿＿＿＿（親指）が離れている。

　→物を握ったり，細かい作業をしたりすることができる。

・12＿＿＿＿＿→指先に力を込めてしっかり握ることができる。

　→14＿＿＿＿の中で木の枝を握ったり，昆虫をとらえたりするのに適していると考えられる。

　　→14＿＿＿＿が初期霊長類の生活の場であったことがうかがえる。

新生代初期の霊長類…おもに夜行性の 15＿＿＿＿＿＿＿。

　　↓

大型で 16＿＿＿＿＿の狭鼻猿類（直鼻猿類の一部）が出現した。

　　↓

2500 万年前ころに 17＿＿＿＿＿とヒトの共通祖先が現れた。

```
                      ┌──────────┐
                      │  霊長類   │
                      └──────────┘
                          ┌──────────┐
                          │ 直鼻猿類  │
                          └──────────┘
                                  ┌──────────┐
                                  │ 狭鼻猿類  │
                                  └──────────┘
        ┌──────────┐                  ┌──────────┐
        │ 曲鼻猿類  │                  │  類人猿   │
 ツパイ  └──────────┘                  └──────────┘   ヒト
```

Q 　霊長類の特徴は何だろうか？

前方を向いていて 18＿＿＿＿＿が可能な眼，19＿＿＿＿＿のに適した手足と平爪。

●Memo●

◣ B ◥ 人類の特徴は何だろうか？

現生人類，猿人，原人などをまとめて [20]_____ とよぶ。

Homo sapiens …現生人類。

[21]_____ …類人猿との共通祖先から最初に分岐した人類の総称。

[22]_____ …猿人の後に出現した人類。

・大後頭孔：頭部から脊髄が出る孔。

猿人，現生人類の大後頭孔の位置は，類人猿と比較してどのように違うだろうか。

猿人，現生人類と類人猿の大後頭孔の位置の違いは，何を意味するだろうか。

図 12 をみて類人猿，猿人，現生人類の頭骨や歯の形を比較してみよう。それぞれどのような特徴があるだろうか。現生人類への進化の過程で，大きくなった部分や小さくなった部分はあるだろうか。

●Memo●

◆人類の特徴

・大後頭孔

　…類人猿に比べて，猿人と現生人類の大後頭孔は，23＿＿＿＿＿から 24＿＿＿＿＿に移動している。

　　→脊柱（背骨）が頭骨の真下に位置するようになったことを示す。

　　→猿人はすでに 25＿＿＿＿＿＿＿＿＿をしていたと推測できる。

・猿人の頭骨の形は類人猿とよく似ているが，現生人類では 26＿＿＿＿＿の部分が大きくなっている。

・27＿＿＿＿＿＿…猿人や現生人類では，小さく目立たなくなっている。

・上肢が 28＿＿＿＿＿＿下肢が 29＿＿＿＿＿＿。

・30＿＿＿＿＿＿の幅が広く，上下に短い。

　　→直立しても，腹部の内臓を下から支えながら，バランスよく歩くことができる。

・手の第一指（親指）が長くなり，しっかりと物を握れるようになった。

・現生人類では，31＿＿＿＿＿＿＿＿＿がなくなっている。

・現生人類では，32＿＿＿＿＿＿＿＿が発達している。

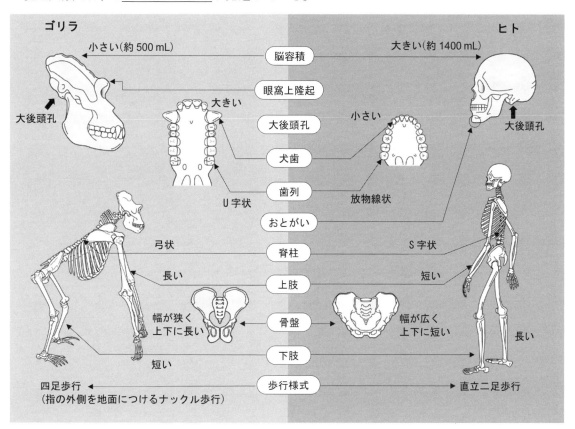

47

問 **6** 人類のもつ特徴を，次のキーワードを用いて説明しなさい。
（直立二足歩行，脳容積，犬歯）

> （解答欄）

Q 人類の特徴は何だろうか？

33＿＿＿＿＿＿＿＿＿＿をすること，34＿＿＿＿＿＿＿＿＿＿こと，犬歯が小さいこと，
上肢が短く下肢が長いことなどがあげられる。

●Memo●

48

C 人類はどのような進化をとげたのだろうか？

◆初期の人類（猿人）

・化石はすべてサハラ砂漠以南のアフリカでみつかっている。

○サヘラントロプス・チャデンシス

・約 35＿＿＿＿＿＿万年前の最古の猿人。

・アフリカ中央部のチャドで発掘された。

○アルディピテクス・ラミダス

・足に 36＿＿＿＿＿＿＿＿＿＿があった。

　→物をつかむことができ，木登りに適していた。

・不完全ながら直立二足歩行に適した骨格をもっていた。

　→37＿＿＿＿＿＿を中心に生活していたが，地上を歩くこともあったと考えられている。

○アウストラロピテクスと総称される何種かの猿人

・約 420 万年前以降。

・骨盤は幅広く，足の母指対向性が失われていた。

・完全な直立二足歩行を示す 38＿＿＿＿＿＿の化石が発見されている。

　→森林と草原を行き来するようになり，しだいに草原での生活に適応するようになったと考え
　　られている。

・脳容積はチンパンジーほど（300〜400mL）。

・道具の使用もごく限られていた。

　→人類は 39＿＿＿＿＿の巨大化に先立ち 40＿＿＿＿＿＿＿＿＿＿が始まった。

●Memo●

◆ホモ属の発展（原人の出現）

・約 220 万年前ころに現れた。

・41＿＿＿＿＿＿＿＿＿が長い。　→草原で長距離を歩くのに適応したからだになった。

・石器を使うなどして，多様な食物を得た。

　→草原の乾燥による食物不足を生き延びた。

○ホモ・ハビリス

・初期の 42＿＿＿＿＿＿＿＿＿属で，原人の仲間。

・草原で得られる植物や昆虫，死肉などさまざまな食物を食べたと考えられている。

○ホモ・エレクトス

・初期の 42＿＿＿＿＿＿＿＿＿属で，原人の仲間。

・行動域が広がった。

・定型的な 43＿＿＿＿＿＿＿＿＿＿を使い，積極的に狩りを行って得られた肉を食べていた。

・猿人に比べ，脳が拡大した（600〜1000mL）。

・一部は，アフリカを出てアジアやヨーロッパへ広がった。

◆旧人の出現

・約 80 万年前にアフリカで誕生し，ユーラシア大陸に拡散していった。

・脳容積がさらに大きくなった（1100〜1500mL）。

・発達した石器や火を使い，北方の亜寒帯にまで分布域を広げた。

○ホモ・ネアンデルタレンシス（ネアンデルタール人）

・約 30 万年前から 44＿＿＿＿＿＿＿＿＿＿で発展し，約 4 万年前に絶滅した。

・脳容積は現生人類とかわらない。

・死者を埋葬していたらしい痕跡がみつかっている。

・DNA の研究から現生人類にネアンデルタール人と 45＿＿＿＿＿＿＿＿＿した証拠が残されていること

　がわかった。

◆新人の出現と拡散

○新人

・現生の人類は，46＿＿＿＿＿＿＿＿＿＿＿（ヒト）一種しかいない。

・約 20 万年前に 47＿＿＿＿＿＿＿で出現し，10 万年ほど前から世界各地に急速に広がった。

・脳容積は約 1400mL。

・48＿＿＿＿＿＿＿＿＿がなくなってひたいが広くなり，あごにおとがいがあるなどの特徴がある。

・精巧な石器を使い，洞窟に 49＿＿＿＿＿を描いた痕跡が各地に残っている。

Q 人類はどのような進化をとげたのだろうか？

初期の猿人は 50＿＿＿＿＿＿の 51＿＿＿＿＿を中心に生活していたが，52＿＿＿＿
＿＿＿＿＿が始まり草原での生活に適応した。やがて 53＿＿＿＿＿が巨大化し石器など
の道具の使用が広まった。ホモ・エレクトスは，行動域が広がり，50＿＿＿＿＿＿を
出て世界各地へ広がった。現生人類である 54＿＿＿＿＿＿＿＿＿はアフリカで出
現して 10 万年ほど前から世界各地に広まり，ほぼすべての大陸に生息地を広げたが，
同時期に生きていた原人や旧人は絶滅した。

●Memo●

51

1 細胞を構成する物質　p.62〜64

月　　日

検印欄

▶ A ◀ 細胞はどのような物質から構成されているか？

生物は, 1＿＿＿＿＿を基本単位とし, 細胞には 2＿＿＿＿＿細胞と 3＿＿＿＿＿細胞がある。

・　真核細胞：4＿＿＿＿と細胞質から構成され, さまざまな 5＿＿＿＿＿＿＿の働きにより生命活動が営まれている。細胞小器官の間の液状部分は 6＿＿＿＿＿＿＿とよばれ, 水, タンパク質, 脂質, 炭水化物などを含んでいる。

・　原核細胞：5＿＿＿＿＿＿＿は存在しないが, 細胞を構成する物質は真核生物とほぼ同じである。DNA は 6＿＿＿＿＿＿＿中に存在する。

(6　　　　　)　DNA　鞭毛

細胞膜　細胞壁

原核細胞

タンパク質 15
DNA・RNA など 7
炭水化物 2
脂質 2
無機塩類 1
その他 3

大腸菌
(原核細胞)

水
70

（単位は質量%）

核(DNA を含む)

(8　　　　　)

細胞質基質

細胞膜

細胞壁

(7　　　　　)

液胞

真核細胞
(植物細胞)

核(DNA を含む)

ミトコンドリア

(9　　　　　)

真核細胞
(動物細胞)

タンパク質 18
脂質 5
炭水化物 2
DNA・RNA など 1
無機塩類 1
その他 3

動物細胞
(真核細胞)

水
70

（単位は質量%）

◆水

- 水（10＿＿＿＿＿＿）は，細胞を構成する物質の中で最も
  割合が高く，その含有率は，質量比で約 11＿＿＿＿＿＿％
  に達する。

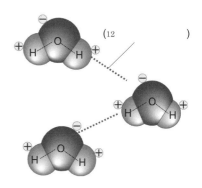

(12　　　　　　　　)

- 水分子には極性があり，水分子が2つあると，一方の
  Oと他方のHとが電気的に引きつけ合い，弱い結合を
  生じる。これを 12＿＿＿＿＿＿＿＿という。

◆有機物

タンパク質，脂質，炭水化物，核酸には，いずれも 13＿＿＿＿＿＿（C）・14＿＿＿＿＿＿（H）・

15＿＿＿＿＿＿（O）の元素が含まれており，これらは 16＿＿＿＿＿＿＿とよばれる。

【脂質】

- 17＿＿＿＿＿＿＿を構成する物質。

- 水に溶けにくく，アルコールなどの有機溶媒によく溶ける。

- 生体に重要な脂質は 18＿＿＿＿＿＿，19＿＿＿＿＿＿＿，20＿＿＿＿＿＿＿＿＿。

  ［構造］脂肪………1分子のグリセリン ＋ 3分子の脂肪酸

  　　　　リン脂質…1分子のグリセリン ＋ 2分子の脂肪酸 ＋ 1分子のリン酸化合物

  　　　　ステロイド…ステロイド核をもつ

リン脂質

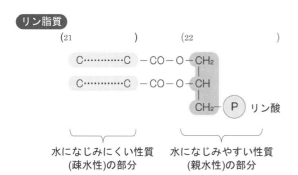

(21　　　　　　　)　　(22　　　　　　　)

水になじみにくい性質
(疎水性)の部分

水になじみやすい性質
(親水性)の部分

【タンパク質】

・　23＿＿＿＿＿＿＿＿＿＿が多数鎖状につながったもの。アミノ酸は24＿＿＿＿＿種類ある。

【炭水化物】

・　生体内のエネルギー源。

・　多糖は，単糖が多数結合した構造。

［構造］

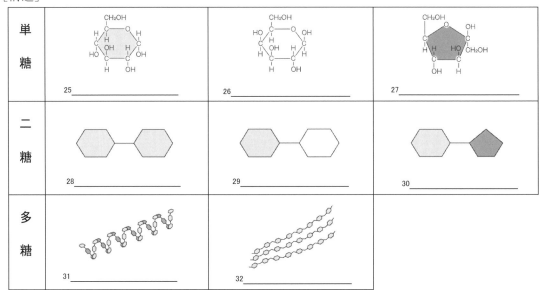

単糖	25＿＿＿＿＿＿＿＿	26＿＿＿＿＿＿＿＿	27＿＿＿＿＿＿＿＿
二糖	28＿＿＿＿＿＿＿＿	29＿＿＿＿＿＿＿＿	30＿＿＿＿＿＿＿＿
多糖	31＿＿＿＿＿＿＿＿	32＿＿＿＿＿＿＿＿	

【核酸】

・　33＿＿＿＿＿＿と34＿＿＿＿＿＿をまとめて核酸とよぶ。

［構造］35＿＿＿＿＿・36＿＿＿＿＿・37＿＿＿＿＿からなるヌクレオチドを構成の基本単位とする。

(35　　　　)

(36　　)　(37　　　)

・　RNA を構成する糖は38＿＿＿＿＿＿＿＿。

・　DNA を構成する糖は39＿＿＿＿＿＿＿＿＿＿＿。

【ビタミン】

・　ビタミン類は調節物質や補酵素として働いている。

◆無機塩類

おもにイオンとなって水に溶けた状態で存在し，細胞の状態や働きを調節する。

Na，K，Ca など

Q 細胞はどのような物質から構成されているか？

おもに水と，40_____・脂質・炭水化物・41_____などの 42_____
から構成されており，微量に Na，K などの無機塩類も含んでいる。

●Memo●

2　生体膜の働きと細胞　p.65〜70

月　　日

検印欄

▶ A ◀　生体膜はどのような構造と働きをしているのだろうか？

生体膜：1_____をはじめ，ミトコンドリアや葉緑体などの細胞小器官を構成する膜の総称。

［構造］リン脂質がつくる 2_____にタンパク質が埋め込まれた構造。

［働き］外界との仕切りとなる。膜内外の物質輸送。

(3　　　　　　　)

細胞外

水になじみやすい性質
(5　　　　　　　)の部分

水になじみにくい性質
(4　　　　　　　)の部分

(6　　　　　　　)

細胞内

Q　生体膜はどのような構造と働きをしているのだろうか？

・　生体膜は，リン脂質がつくる 7_____にタンパク質が埋め込まれた構造をしている。

・　脂質二重層の構造によって細胞内には水が出入りしにくく，外界との

　　8_____となり，細胞内部を外界と異なる状態にすることができる。

●Memo●

■B■ 生体膜によって構成される細胞小器官

◆遺伝子を取り囲む構造

《核》

［構造］最外層の 9＿＿＿＿＿＿＿は二重の生体膜。

10＿＿＿＿＿＿＿とよばれる多数の孔がある。

内部には 11＿＿＿＿＿＿＿と 1〜数個の 12＿＿＿＿＿＿＿がある。

［働き］遺伝情報の保持・発現。

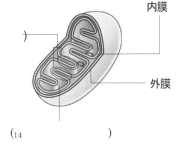

(12　　　　　)
(9　　　　　)
(11　　　　　)
(10　　　　　)

◆エネルギー供給に働く構造

《ミトコンドリア》

［構造］内膜と外膜の二重の生体膜からなる。

・　内膜は 13＿＿＿＿＿＿＿とよばれるひだ状の構造。

・　内膜に囲まれた部分は 14＿＿＿＿＿＿＿＿とよばれる。

・　独自の DNA をもつ。

［働き］呼吸の場。

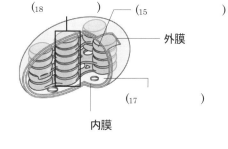

内膜
(13　　　　　)
外膜
(14　　　　　)

《葉緑体》

［構造］二重の生体膜からなる。

・　内部には 15＿＿＿＿＿＿＿とよばれる偏平な
　　袋状の構造が発達している。

・　チラコイドには，クロロフィル，カロテンなど
　　の 16＿＿＿＿＿＿＿が含まれている。

・　チラコイド以外の部分は無色で，17＿＿＿＿＿＿＿とよばれる。

・　独自の DNA をもつ。

［働き］光合成の場。

(18　　　　　)
(15　　　　　)
外膜
(17　　　　　)
内膜

◆物質合成と輸送にかかわる構造

《小胞体》

［構造］袋状の生体膜からなる。核膜の外膜とつながる。

［働き］物質の合成と輸送。

・19＿＿＿＿＿＿＿＿＿＿＿：表面にリボソームが付着している。

・20＿＿＿＿＿＿＿＿＿＿＿：表面にリボソームが付着していない。

《ゴルジ体》

［構造］生体膜からなる偏平な円盤状の袋
（21＿＿＿＿＿＿＿＿＿＿＿）とそれを取り巻く小
胞。

［働き］物質の輸送。

《リソソーム》

［構造］ゴルジ体からつくられる生体膜で(24
できた小胞。各種の加水分解酵素を含む。

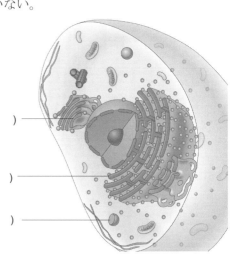

(22   )

(23   )

(   )

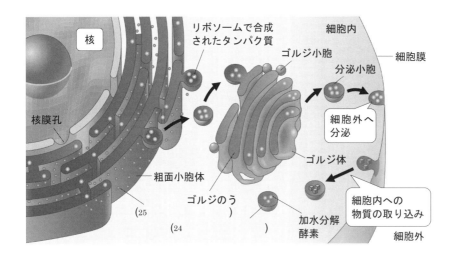

●Memo●

◤C◢ 細胞が一定の形を保っていられるのはなぜだろうか？

《細胞壁》

［構造］植物細胞では，主成分である 26＿＿＿＿＿＿＿繊維の間を 27＿＿＿＿＿＿などが

埋めた構造。

［働き］細胞内部の保護と形の保持。

《細胞骨格》

細胞や細胞小器官の形を維持する繊維状の構造。タンパク質でできている。

細胞骨格の名称	かかわる働き
〔28　　　　　　〕	細胞の構造維持，繊毛や鞭毛の運動，小胞の輸送，細胞分裂時の紡錘糸となる
〔29　　　　　　　　〕	細胞の構造を保持
〔30　　　　　　　　　〕	細胞構造維持，細胞の収縮と伸展，アメーバ運動，筋収縮

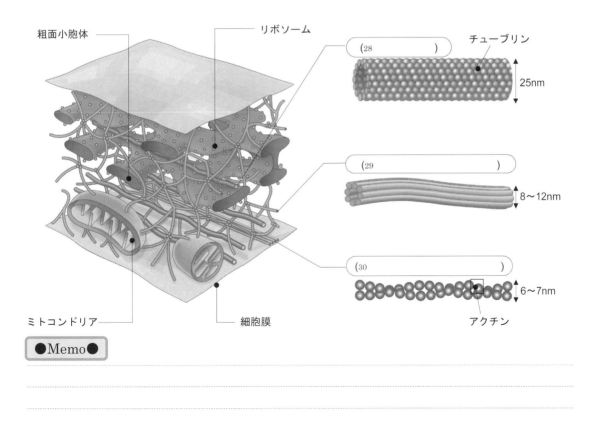

●Memo●

《細胞接着》

細胞どうしの，あるいは細胞と細胞外の構造との接着。

細胞接着の種類		働き
〔31　　　　　　〕	接着結合	上皮細胞にみられる接着結合では，細胞どうしをつなぎとめた 32＿＿＿＿＿＿＿＿＿というタンパク質が細胞内の別のタンパク質を介して細胞骨格のアクチンフィラメントと結合する。
	〔33　　　　　〕による結合	タンパク質が集合して円盤状になった構造が，接着結合とは異なる種類のカドヘリンと結合し，細胞内で中間径フィラメントと結びついて隣接する細胞を接着させる。
	〔34　　　　　〕による結合	タンパク質が集合して円盤状になった構造を介して 35＿＿＿＿＿＿＿＿＿が，細胞を細胞外基質でできた基底膜につなぎとめている。
〔36　　　　　　〕		タンパク質によって隣り合う細胞どうしがすきまなく密着する。
〔37　　　　　　〕		管状のタンパク質が 2 つの細胞間で小さな分子が移動できる。

Q　細胞が一定の形を保っていられるのはなぜだろうか？

・　38＿＿＿＿＿＿＿＿＿が網目状に分布することで，細胞や細胞小器官の形は維持される。

・　細胞骨格は，太さと構成するタンパク質の違いから，39＿＿＿＿＿＿＿，中間径フィラメント，アクチンフィラメントにわけられる。

・　植物細胞などでは，40＿＿＿＿＿＿＿も形を保持する役割をもつ。

●Memo●

1 タンパク質の構造と機能 p.72〜75

月　日

検印欄

▶ A ◀ 生命活動とタンパク質にはどのようなかかわりがあるか?

生命活動には,さまざまなタンパク質が深くかかわっている。

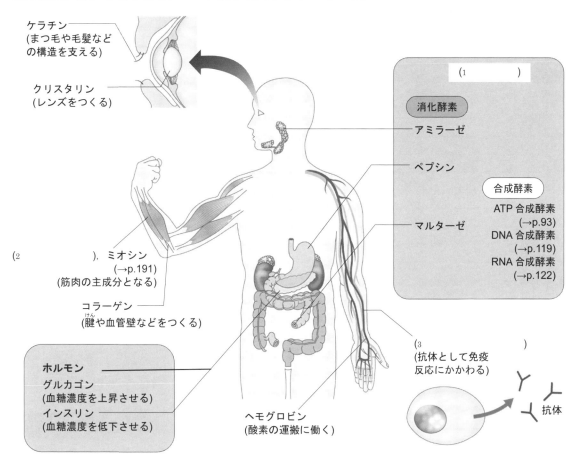

ケラチン
(まつ毛や毛髪などの構造を支える)

クリスタリン
(レンズをつくる)

(1　　　　　)

消化酵素

アミラーゼ

ペプシン

合成酵素
ATP合成酵素
(→p.93)
DNA合成酵素
(→p.119)
RNA合成酵素
(→p.122)

マルターゼ

(2　　　　),ミオシン
(→p.191)
(筋肉の主成分となる)

コラーゲン
(腱や血管壁などをつくる)

ホルモン
グルカゴン
(血糖濃度を上昇させる)
インスリン
(血糖濃度を低下させる)

ヘモグロビン
(酸素の運搬に働く)

(3　　　　　　)
(抗体として免疫
反応にかかわる)

抗体

Q 生命現象とタンパク質にはどのようなかかわりがあるか?

細胞内で起こる 4_____,細胞構造の支持,物質の 5_____,刺激の受容,運

動,生体防御など多くの現象にタンパク質が関係している。

▰ B ▰ タンパク質はどのような構造をしているのだろうか？

◆アミノ酸

- タンパク質は，鎖状に結合した多数の
  6_____により構成されている。

- 側鎖の違いにより，生体を構成するタンパク質
  のアミノ酸は 7_____種類にわけられる。

（図：アミノ酸の構造）側鎖 R，H－N－C－C－OH，H，H，O，(8　)，(9　)

アミノ酸	記号	アミノ酸	記号
セリン	Ser	システイン	Cys
トレオニン●	Thr	グリシン	Gly
アスパラギン	Asn	アラニン	Ala
チロシン	Thr	イソロイシン●	Ile
グルタミン	Gln	ロイシン●	Leu
リシン●	Lys	フェニルアラニン●	Phe
アルギニン●	Arg	トリプトファン●	Trp
ヒスチジン●	His	バリン●	Val
グルタミン酸	Glu	プロリン	Pro
アスパラギン酸	Asp	メチオニン●	Met

□:親水性のアミノ酸　□疎水性のアミノ酸
● : ヒトが合成できないアミノ酸
（必須アミノ酸）

◆ポリペプチド

10_____ : 2つのアミノ酸が結合するとき，一方のアミノ酸の 8_____

と他方のアミノ酸の 9_____から 11_____がとれる結合のこと。

12_____:多数のアミノ酸がペプチド結合によりつながった分子。タンパク質は1本

または複数のポリペプチドでできている。アミノ酸 n 個のポリペプチドで可能なアミノ酸配列は，

13_____通り。

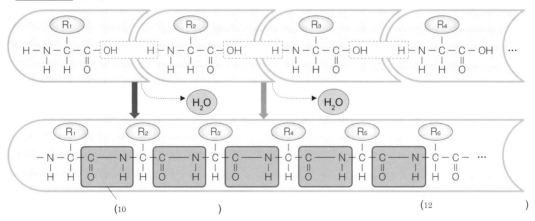

(10　　　　　)　　　　　(12　　　　　)

◆**一次構造**：ポリペプチドを構成するアミノ酸の配列。

◆**立体構造**

・ 14＿＿＿＿＿＿＿：αヘリックスやβシートのような，ポリペプチド内の部分的な

15＿＿＿＿＿構造。ポリペプチドの分子中に，O と H の間にできる 16＿＿＿＿＿＿＿をも

つ。

・ 17＿＿＿＿＿＿＿：ポリペプチドが，部分的に二次構造をもちながらさらに折りたたまれて

できる，分子全体としての立体構造。

・ 18＿＿＿＿＿＿＿：三次構造をとったいくつかのポリペプチドがさらに立体的に組み合わさ

った構造。ヘモグロビンは 2 種類のポリペプチドを構成単位（19＿＿＿＿＿＿＿＿＿）とし

て四次構造をつくる。

二次構造

(20＿＿＿＿＿＿＿＿)　　　(21＿＿＿＿＿＿＿＿)

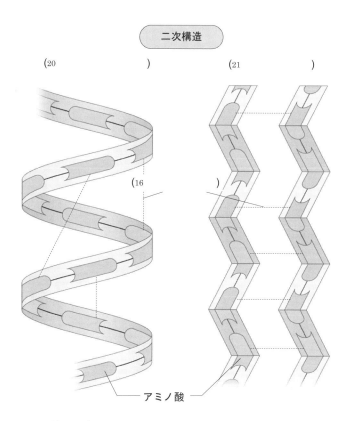

(16＿＿＿＿）

——アミノ酸

ポリペプチド中に水素結合が形成され，規則的な立体
構造がつくられる。

三次構造

(ミオグロビン)

ヘム

ミオグロビンは，1 本のポリペプチド鎖
と，ヘムとよばれる鉄原子を含む化合物
からなる三次構造をとる。

四次構造

(ヘモグロビン)

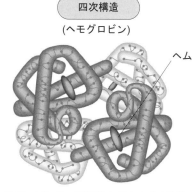

ヘム

ヘモグロビンは，2 種類のポリペプチド鎖
を構成単位(サブユニット)として各 2 個
ずつ，計 4 個が集まって四次構造をつくる。

問 **7** タンパク質の構造について，次のキーワードを用いて説明しなさい。

（アミノ酸，ペプチド結合，二次構造，三次構造）

Q タンパク質はどのような構造をしているのだろうか？

- 多数のアミノ酸が鎖状に結合した構造を 22＿＿＿＿＿＿＿＿＿＿といい，タンパク質は，1本または複数の 23＿＿＿＿＿＿＿＿＿でできている。

- タンパク質の最も基本的なアミノ酸配列を 24＿＿＿＿＿＿＿といい，いくつかのポリペプチドが部分的あるいは全体的に折りたたまれて 25＿＿＿＿＿＿＿をとる。

●Memo●

◤ C ◢ タンパク質の立体構造にはどのような特徴があるのだろうか？

タンパク質は，ある特定の立体構造をとったときに機能を発揮する。

→ 立体構造が失われると機能しなくなる。

例：インスリン…S‐S結合が切れると機能しなくなる。

S‐S結合（26＿＿＿＿＿＿＿＿＿結合）：2つの27＿＿＿＿＿＿＿＿の側鎖からそれぞれ水素原子

（H）がとれて硫黄原子（S）どうしがつながった結合。

● ：システイン

◆変性

28＿＿＿＿＿＿：タンパク質が熱や強い酸・アルカリ，アルコールなどの影響を受けると，その立体

構造が変化し，性質も変化すること。

29＿＿＿＿＿＿：タンパク質の働きが失われること。

◢Q◣　　タンパク質の立体構造にはどのような特徴があるのだろうか？

・　熱や強い酸，アルカリ，アルコールなどの影響でタンパク質の水素結合や

　　30＿＿＿＿＿＿＿が切れることで立体構造が変化し，性質も変化することがある。

　　これを31＿＿＿＿＿といい，変性によってタンパク質の働きが失われることを

　　32＿＿＿＿＿という。

●Memo●

2 酵素として働くタンパク質 p.76~82

月　　日

検印欄

▶ A ◀ 酵素は体内でどのような働きをするのだろうか？

1＿＿＿＿＿＿：特定の化学反応を促進する物質。

・　2＿＿＿＿＿＿：タンパク質からなる触媒。

・　3＿＿＿＿＿＿＿：無機物の触媒。

◆活性化エネルギー

化学反応が起こるときには，一時的にエネルギ
ーの高い状態を経過する必要がある。このエネ
ルギーの山をこえるのに必要なエネルギーを
4＿＿＿＿＿＿＿＿＿＿＿という。

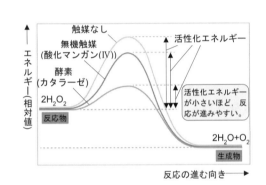

例：過酸化水素の分解

過酸化水素水 ⟶ 水　＋　酸素

〔5　　　　　　　　　　　〕

→上記反応は常温では起こらないが，触媒として 4＿＿＿＿＿＿＿＿＿＿やカタラーゼを加え

ることで，活性化エネルギーが(6　大きく・小さく　)なり，反応が進行する。

● Memo ●

◆基質特異性

例：消化酵素

デンプン ―――――――――――→ マルトース
　　　　　　〔7　　　　　　　　　〕

マルトース ―――――――――――→ グルコース
　　　　　　　〔8　　　　　　　〕

スクロース ―――――――――――→ グルコース＋フルクトース
　　　　　　　〔9　　　　　　　〕

→特定の酵素は特定の化学反応だけを促進する。

10＿＿＿＿＿＿：酵素が作用する物質。

11＿＿＿＿＿＿＿＿：酵素が特定の基質にのみに働く性質のこと。

12＿＿＿＿＿＿＿＿：酵素が基質に結合して直接作用を及ぼす部分。

（10　　　　　）

活性部位

（13　　　　　　　　　）

生成物

酵素

基質以外の
物質には作
用しない。

酵素は（14　　　　　　）働く

Q 酵素は体内でどのような働きをするのだろうか？

食物の消化，DNA の複製や転写・翻訳，ATP 合成など，体内で進行する化学反応の
15＿＿＿＿＿＿として働いている。

●Memo●

◢ B ◣ 酵素はどのような条件で働くのか？

◆温度と反応速度

・無機触媒…高温になるほど反応速度が

16＿＿＿＿＿＿＿＿＿。

・酵素…高温では一定の温度をこえると反応速度が

17＿＿＿＿＿＿＿＿＿する。

→酵素の 18＿＿＿＿＿＿＿＿＿が 19＿＿＿＿＿＿し，失活す

るため。

20＿＿＿＿＿＿＿＿＿：酵素の反応速度が最大になる温度。

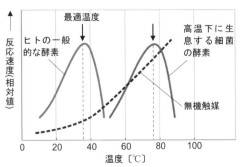

◆pH と反応速度

反応速度は，pH や塩類濃度などの外的要因によっても

変化する。

21＿＿＿＿＿＿＿＿＿：反応速度が最大になるときの pH。

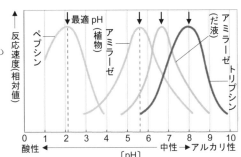

◆基質濃度と反応速度

酵素の反応速度は，22＿＿＿＿＿＿＿＿＿＿＿＿＿の濃度に

23＿＿＿＿＿＿＿する。

・基質濃度が低いとき（右図の(1)，(2)）

基質の濃度が上がるほど酵素―基質複合体ができ

やすい。

→ 反応速度は 24＿＿＿＿＿＿＿＿。

・基質濃度が高いとき（右図の(3)）

ほとんどの酵素が酵素―基質複合体を形成。

→ 反応速度は 25＿＿＿＿＿＿＿＿。

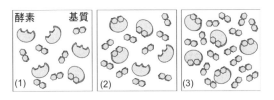

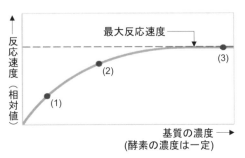

問 8 　酵素の特徴と性質について，次のキーワードを用いて説明しなさい。

　　　（基質特異性，活性部位，最適温度）

```
┌─────────────────────────────────────────────────────┐
│                                                     │
│                                                     │
│                                                     │
│                                                     │
│                                                     │
└─────────────────────────────────────────────────────┘
```

Q 　酵素はどのような条件で働くのか？

　　酵素の主成分は 26＿＿＿＿＿＿＿＿＿であるため，無機触媒と異なり反応速度が最大と

　　なる 27＿＿＿＿＿＿＿が存在する。また，反応速度が最大になる 28＿＿＿＿＿＿＿が

　　存在する。

●Memo●

◢ C ◣ 酵素反応はどのように調節されているのだろうか？

◆酵素反応の阻害

29＿＿＿＿＿＿＿＿：基質に似た物質により，酵素の活性部位をめぐる競合が起こり，酵素反応が

低下する作用。

30＿＿＿＿＿＿＿＿：阻害物質が活性部位とは別の部位に結合して酵素の立体構造を変化させ，

酵素反応が低下する作用。

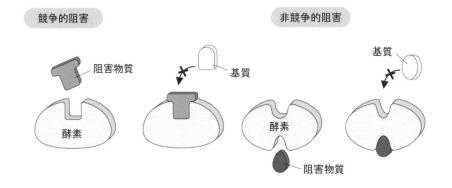

◆フィードバック阻害

31＿＿＿＿＿＿＿＿＿＿：複数の酵素が関係
する反応系において最終生成物が初期の酵素反応
に作用し，最終生成物の生産を調節する機構。

32＿＿＿＿＿＿＿＿＿＿：最終生成物によっ
て初期の酵素反応が阻害されること。

基質 A　　　基質 B　　　基質 C　　　最終生成物

酵素 A　　　酵素 B　　　酵素 C

（32　　　　　　　　　　　　）

●Memo●

70

◆補酵素

酵素には，活性部位に基質が結合するために，低分子量の非タンパク質の 33＿＿＿＿＿＿＿＿＿＿が必

要なものもある。

→ 銅のような無機物の場合もある。

34＿＿＿＿＿＿＿＿＿：33＿＿＿＿＿＿＿＿＿のうち，タンパク質以外の有機物のこと。

(34　　　　　)

(35　　　　)　　　　　　　　　　(36　　　　　)　　　　　　　　　　　　生成物

Q 酵素反応はどのように調節されているのだろうか？

　　　37＿＿＿＿＿＿＿＿＿＿＿＿＿＿＿のように，反応系の最終生成物が初期の酵素反応に作

　用して最終生成物の生産が調節されたり，低分子量の有機物である酵素に

　　　38＿＿＿＿＿＿＿＿＿などの別の物質が結合することによって反応が調節されたりする。

●Memo●

◆◆◆Challenge◆◆◆～酵素の反応速度と阻害物質～

(1)　図 a の①は，ある酵素反応における基質濃度と反応速度の関係を示したものである。この反応において酵素の濃度を半分にすると，どのようなグラフが得られるか。図 a の❷～❹から選べ。

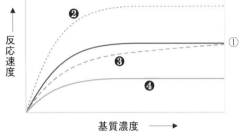
図a　基質の濃度と反応速度

(2)　図 a の①で示した酵素反応について，基質が十分にあるときの時間と生成物の量の関係と，同じ条件で酵素の濃度を半分にしたときの時間と生成物の量の関係をグラフで示せ。

(3)　図 b は，図 a の①の酵素反応の速度と阻害物質を加えたときの反応速度を示している。この阻害物質は，競争的阻害と非競争的阻害のどちらに関与する物質であると考えられるか。理由も含めて答えよ。

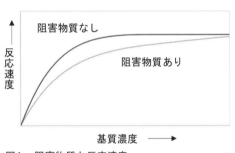
図b　阻害物質と反応速度

阻害物質：

理由：

●Memo●

◢3◣ 物質の輸送や情報伝達に働くタンパク質 p.83〜86　　月　　日

◢A◣ 細胞膜を通して物質はどのように移動するのだろうか？

細胞膜を通過できる…酸素や二酸化炭素などの小さな分子，1＿＿＿＿＿＿に溶けやすい物質。

細胞膜を通過できない…イオンや，分子量の大きな物質。

→これらは，細胞膜にある 2＿＿＿＿＿＿＿＿＿＿＿によって細胞を出入りしている。

◆受動輸送と能動輸送

3＿＿＿＿＿＿＿＿：物質の濃度勾配に従った拡散によって起こる。エネルギーの供給は必要ない。

4＿＿＿＿＿＿＿＿：濃度勾配にさからって起こる。おもに 5＿＿＿＿＿のエネルギーが必要とされる。

拡散・・・物質は濃度の高い方から低い方へ移動し，均一になるように分散する。

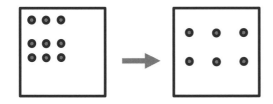

→ 受動輸送は拡散により起こる。

◆輸送タンパク質

おもな輸送タンパク質…6＿＿＿＿＿＿＿・7＿＿＿＿＿＿＿・8＿＿＿＿＿＿＿。

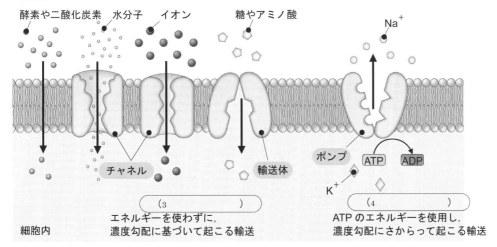

●受動輸送の輸送タンパク質…濃度勾配に従い，エネルギーを必要としない。

【チャネル】

9＿＿＿＿＿＿＿＿＿を貫通し，小さな孔を形成するタンパク質。

10＿＿＿＿＿＿＿＿＿＿：イオンを通過させるチャネル。開閉は，膜の電気的な変化や特定の物質の存在による。

・　11＿＿＿＿＿＿＿＿＿＿＿＿＿…ナトリウムイオンが通過する。

・　12＿＿＿＿＿＿＿＿＿＿＿…カリウムイオンが通過する。

13＿＿＿＿＿＿＿＿＿：水分子だけが通過する。

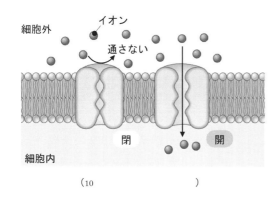

（10　　　　　　　）

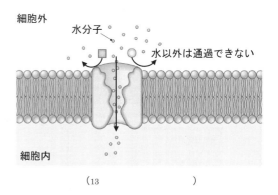

（13　　　　　　　）

【輸送体】（14＿＿＿＿＿＿＿＿＿＿＿＿）

運搬する物質と結合すると立体構造が変化し，膜の反対側へ物質を輸送する。

例：グルコースやアミノ酸などの 15＿＿＿＿＿＿＿から 16＿＿＿＿＿＿＿への輸送。

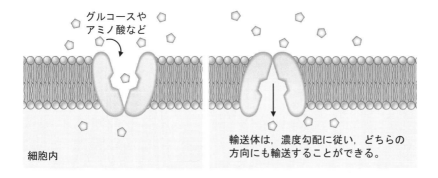

●能動輸送の輸送タンパク質…濃度勾配にさからう。エネルギーを必要とする。

【ポンプ】

脂質二重層を貫通し，17_____を行うタンパク質。

例　：18_____…ATP のエネルギーを使って 19_____を細胞外へ運び出

し，20_____を細胞内に取り込む。

細胞外　Na⁺

K⁺

細胞内　　　ATP　ADP　　　　　　　リン酸

①ATP のエネルギーで　　②（19　　　　　）が細胞　③（20　　　　）がタンパ　④タンパク質がもとの形に戻り，
　タンパク質の形が変わる。　　外に放出される。　　　ク質に結合。　　　　　K⁺が細胞内に放出される。

Q　　細胞膜を通して物質はどのように移動するのだろうか？

・　イオンや分子量の大きな物質は，細胞膜にある 21_____によっ
　　て細胞を出入りしている。

・　物質の輸送には濃度勾配に基づく拡散によって起こる 22_____と，
　　エネルギーを利用して濃度勾配にさからって起こる 23_____がある。

●Memo●

75

B 細胞間ではどのようにして情報伝達をしているのだろうか？

細胞間での情報伝達は，ホルモンなどの 24________________によって仲立ちされる。

25____________：情報伝達物質を受け取るタンパク質。

◆神経間での情報伝達

ニューロン間での情報伝達は，26______________で行われる。

①シナプス小胞からアセチルコリンなどの 27________________が放出される。

②神経伝達物質が特定の 28______________が受容体として働くことで受け取られる。

③チャネルの立体構造が変化する。

④特定のイオンが細胞内に流入する。

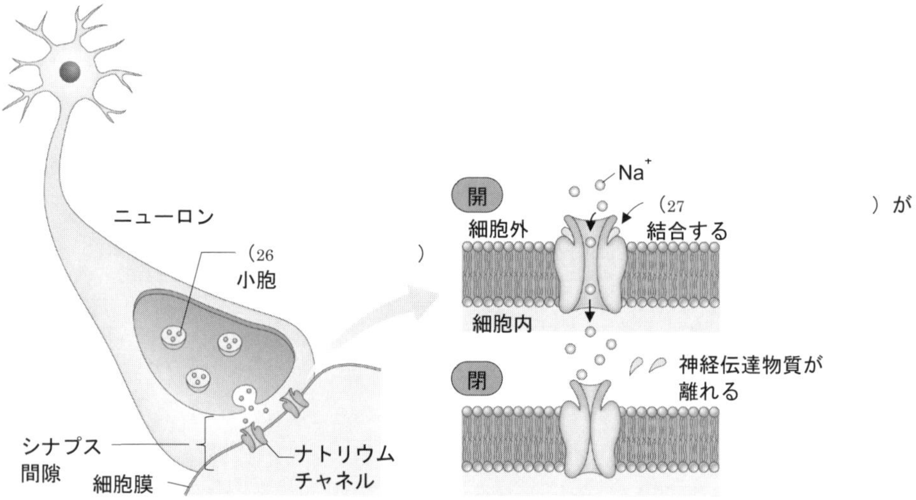

ニューロン
（26　　　　）小胞
シナプス間隙
細胞膜
ナトリウムチャネル
開
Na^+
細胞外
（27　　　　）が結合する
細胞内
閉
神経伝達物質が離れる

◆ホルモンによる情報伝達

分泌細胞から分泌された 29______________を，30______________が受容体によって受容することで，情報を受け取る。

- 31____________________：32____________で膜を通過できないため，細胞膜上にある受容体と結合する。

  例：インスリンなど

- 33____________________：34____________で脂質に溶けやすい。細胞膜を通過して細胞内にある受容体に結合する。

  例：糖質コルチコイドなど

Q 細胞間ではどのようにして情報伝達をしているのだろうか?

・ 細胞外に放出された情報伝達物質と 35＿＿＿＿＿＿＿＿が結合するとその立体構造や活性が変化し，細胞に情報が伝達される。

・ 情報伝達物質には 36＿＿＿＿＿＿＿＿＿＿などの神経伝達物質や，各種のホルモンがある。

●Memo●

1 代謝　p.88〜89

月　　日

検印欄

▶ A ◀ 代謝では物質とエネルギーにどのような変化が起きるか？

1＿＿＿＿＿＿＿：生体内で行われる，物質の合成や分解などの化学反応。

2＿＿＿＿＿＿＿：複雑な物質を単純な物質にする反応。エネルギーが放出される。

例：3＿＿＿＿＿＿＿…酸素を用いて有機物を二酸化炭素と水に分解する反応。

4＿＿＿＿＿＿＿：単純な物質から複雑な物質を合成する反応。外部からエネルギーを吸収する。

例：5＿＿＿＿＿＿＿＿…光エネルギーを用いて二酸化炭素をもとに有機物を合成する反応。

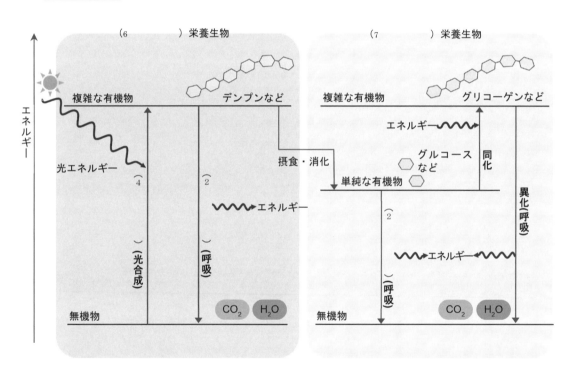

Q　代謝では物質とエネルギーにどのような変化が起きるか？

代謝は複雑な物質を単純な物質にする 8＿＿＿＿＿＿＿と，単純な物質から複雑な物質を合成する 9＿＿＿＿＿＿＿に大別される。

異化はエネルギーを 10＿＿＿＿＿＿＿＿＿反応で進みやすいが，同化はエネルギーを 11＿＿＿＿＿＿＿＿＿反応のため，進みづらい。

▰ B ▰ ATP によるエネルギーの受け渡しと酸化還元反応

◆ATP と ADP

12＿＿＿＿＿＿（13＿＿＿＿＿＿＿＿＿＿＿＿＿＿）：代謝におけるエネルギーの放出と吸収の仲立ちに利用される。

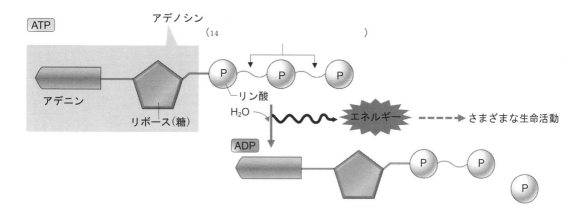

→酵素の働きでリン酸間の結合が切れると，12＿＿＿＿＿＿ は 15＿＿＿＿＿＿（アデノシン二リン酸）

　と１つのリン酸にわかれ，エネルギーが放出される。

◆補酵素と酸化還元反応

代謝では酸化還元反応がみられる。

	酸化	還元
酸素	〔16　　　　　　〕	〔17　　　　　　〕
水素	〔18　　　　　　〕	〔19　　　　　　〕
電子	〔20　　　　　　〕	〔21　　　　　　〕

　NAD^+…22＿＿＿＿＿＿＿の補酵素。有機物か

ら電子２つと H^+１つを 23＿＿＿＿＿＿＿，そ

の物質を酸化する。

NADH…24＿＿＿＿＿＿＿の補酵素。H^+を渡

し，相手の物質を還元する。

エネルギー

NADH
（還元型）

A
（有機物）

A は水素と電子
を失う。
＝酸化された

A

B

B は水素と電子
を受け取る。
＝還元された

B

NAD^+
（酸化型）

79

2　呼吸と発酵　p90.〜99

月　　日

検印欄

▶ A ◀　呼吸とはどのような反応なのだろうか？

呼吸は，酸素を用いて 1_____を分解し，その際に放出されたエネルギーを利用して

2_____を合成する反応である。

3_____：呼吸で分解される有機物。

呼吸の過程は，3つの反応系に大別される。

(7　　　　　　　)

4_____…細胞質基質で進行。

5_____…ミトコンドリアのマトリックスで進行。

6_____…ミトコンドリアの内膜で進行。

外膜
内膜

(8　　　　　　　)

Q　呼吸とはどのような反応だろうか？

酸素を用いて糖や脂肪などの 9_____を分解し，その際に放出されたエネルギーを利用して 10_____を合成する反応。

細胞質基質で行われる 11_____，ミトコンドリアのマトリックスで進行する 12_____，ミトコンドリアの内膜で進行する 13_____の3つの反応系に大別される。

●Memo●

◢ B ◣ 呼吸のくわしいしくみ

【解糖系】：グルコースが，2分子の $_{14}$_____（C_3）にまで酸化，分解される。

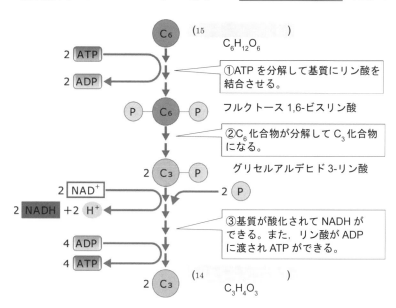

$$C_6H_{12}O_6 \ + \ 2\,NAD^+ \ \rightarrow \ 2\ _{16}\text{_____} \ + \ 2\,NADH \ + \ 2\,H^+ \ + \ \text{エネルギー （2ATP）}$$

●Memo●

◆**クエン酸回路**：ピルビン酸（C_3）が二酸化炭素（CO_2）に段階的に分解されていく。

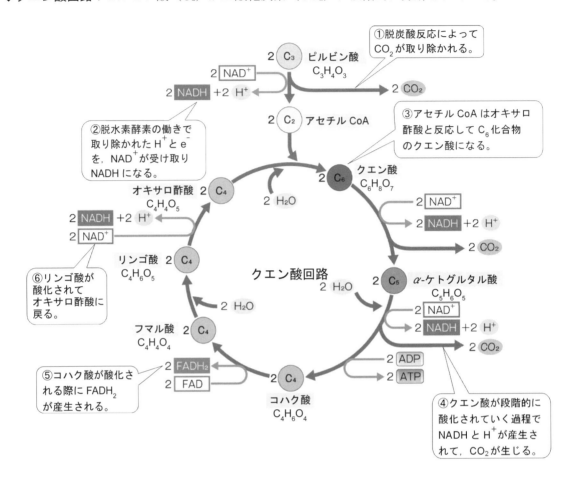

① ₁₄＿＿＿＿＿＿＿＿＿＿＿＿（C_3）がマトリックスに取り込まれ，₁₇＿＿＿＿＿＿＿＿反応によって CO_2 が取り除かれる。

② H^+ と e^- が取り除かれて，補酵素 A（CoA）と結合して ₁₈＿＿＿＿＿＿＿＿＿＿＿（C_2）になる。

③ アセチル CoA（C_2）はオキサロ酢酸（C_4）と反応し，₁₉＿＿＿＿＿＿＿＿（C_6）になる。

④ クエン酸が酸化されていく過程で H^+ を放出して，₂₀＿＿＿＿＿＿＿＿＿＿に戻る。

・グルコース 1 分子あたり ₂₁＿＿＿＿分子の ATP がつくられる。

・グルコース 1 分子あたり 6 分子の ₂₂＿＿＿＿＿＿が放出される。

・基質から取り除かれた H^+ と e^- は補酵素（NAD^+ または FAD）に渡される。

$$2C_3H_4O_3 \ + \ 6H_2O \ + \ 8\,NAD^+ \ + \ 2\,FAD$$

$$\rightarrow 6\ _{22}\underline{\hphantom{xxxx}} + 8\,NADH \ + \ 8H^+ \ + \ 2\,FADH_2 \ + \ エネルギー(\ _{23}\underline{\hphantom{xxx}}ATP)$$

【電子伝達系】：補酵素から H^+ と e^- が受け渡され，多量の ATP が合成される。

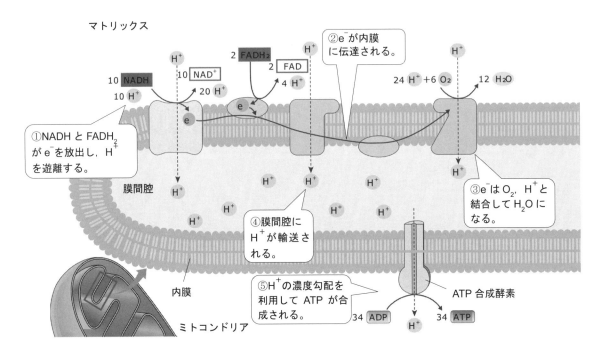

① NADH や $FADH_2$ から e^- が放出され，$_{24}$＿＿＿＿＿が遊離する。

② e^- は酸化還元反応を繰り返しながら，内膜の分子に次々と受け渡される。

③ $_{25}$＿＿＿＿＿＿＿＿を経た e^- は，O_2 に受容され，H^+ と反応して H_2O になる。

④ e^- が内膜のタンパク質の間を受け渡されるときに放出されるエネルギーによって，H^+ が

   $_{26}$＿＿＿＿＿＿＿＿から $_{27}$＿＿＿＿＿＿へ輸送される。

⑤ H^+ が，濃度勾配に従い，$_{28}$＿＿＿＿＿＿＿＿を通過して $_{26}$＿＿＿＿＿＿＿＿へ移動。こ
   のとき多量の ATP が合成される。

$10NADH$ ＋ $10H^+$ ＋ $2FADH_2$ ＋ $6O_2$

→ $12H_2O$ ＋ $10NAD^+$ ＋ $2FAD$ ＋ エネルギー（最大 $_{29}$＿＿＿＿ATP）

3つの反応式を合わせた呼吸全体の反応式

$C_6H_{12}O_6$ ＋ $6O_2$ ＋ $6H_2O$

→ $6CO_2$ ＋ $12H_2O$ ＋ エネルギー（最大 $_{30}$＿＿＿＿ATP）

問 **9** 呼吸の電子伝達系で ATP が合成されるしくみについて，以下のキーワードを用いて説明しなさい。

(H⁺，膜間腔，ATP 合成酵素)

●Memo●

◤ C ◢ さまざまな呼吸基質と代謝経路

呼吸には，炭水化物，31＿＿＿＿＿＿，タンパク質（32＿＿＿＿＿＿＿＿）も呼吸基質として使われる。

◆脂肪を用いた呼吸

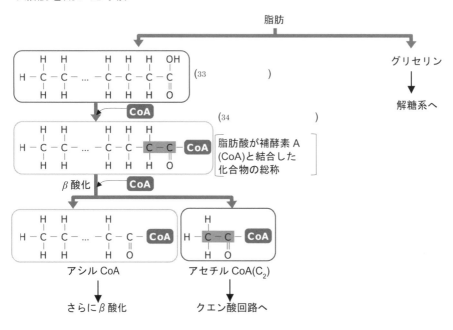

◆アミノ酸を用いた呼吸

35＿＿＿＿＿＿＿＿＿＿によってアミノ基の部分が取り除かれ，残りの部分はクエン酸回路を構成

する有機酸に変換され，ATP の合成に利用される。

●Memo●

▶ D ◀ 呼吸はどのように調節されているのだろうか？

ATP が過剰に生産されるようになると，36＿＿＿＿＿＿や 37＿＿＿＿＿＿＿が解糖系やクエン酸回

路の酵素反応を抑制する。

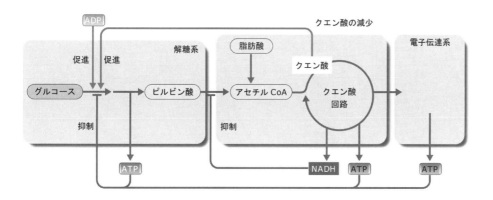

余剰のグルコース

→肝臓や筋肉で 38＿＿＿＿＿＿＿＿となり貯蔵される。

→肝臓や脂肪細胞などでは，39＿＿＿＿＿＿が合成されて貯蔵される。

◆糖新生

40＿＿＿＿＿＿：乳酸やタンパク質を分解して得たアミノ酸からグルコースを合成すること。

→おおむね解糖系の逆の反応であり，41＿＿＿＿＿を消費しながらグルコースを合成する。

Q 　呼吸はどのように調節されているだろうか？

42＿＿＿＿＿が過剰に生産されるようになると ATP や NADH が解糖系やクエン酸回

路の酵素反応を 43＿＿＿＿＿する。

●Memo●

44_____：生物が酸素を用いずに有機物を分解してエネルギーを得る反応。

・　45_____：グルコースなどをエタノール（C_2H_5OH）と CO_2 に分解してエネ

ルギーを得る反応。

例：46_____…酸素の少ないときには 45_____を行う。

$$C_6H_{12}O_6（グルコース）　\rightarrow　2\,C_2H_5OH　+　2CO_2　+　エネルギー（2ATP）$$

・47_____：グルコースなどを乳酸($C_3H_6O_3$)に分解してエネルギーを得る反応。

例：48_____…ヨーグルトなどの製造に利用される。

$$C_6H_{12}O_6（グルコース）　\rightarrow　2\,C_3H_6O_3　+　エネルギー（2ATP）$$

・解糖

…動物の筋肉でも，47_____と同じ過程で，酸素を使わずにグルコースが分解され，ATP

と 49_____が生じる。この過程を 50_____という。

◆呼吸と発酵の比較

・51_____…有機物を段階的に CO_2 と H_2O に

分解する。

⇒大量のエネルギーを取り出し，ATP の合成に利

用する。

・52_____…有機物を部分的に分解する。

⇒少量のエネルギーを取り出し，2 分子の ATP を

合成する。エネルギーの多くは有機物中に残る。

Q 発酵とはどのような反応なのだろうか？

- 生物が 53＿＿＿＿＿＿を用いずに有機物を分解して ATP を合成する反応。

- エタノールが最終産物となる 54＿＿＿＿＿＿＿＿＿＿と，乳酸が最終産物となる

  55＿＿＿＿＿＿＿がある。

- 発酵では呼吸とは異なり有機物は 56＿＿＿＿＿＿にしか分解されず，エネルギーの

  多くはエタノールや乳酸の中に蓄えられたままである。

●Memo●

3 光合成　p.100〜110

月　日

検印欄

▪ A ▪ 光合成とはどのような反応なのだろうか？

光合成は，光エネルギーを用いて 1＿＿＿＿＿＿と NADPH を合成し，そのエネルギーを利用して 2＿＿＿＿＿＿から有機物を合成する反応である。葉の葉緑体で行われる。

3＿＿＿＿＿＿＿で起こる反応・・・光エネルギーを吸収して ATP と還元型補酵素（NADPH）が合成される。

4＿＿＿＿＿＿＿で起こる反応・・・チラコイドで生じた ATP と NADPH を用いて，CO_2 から有機物を合成する。

外膜　(3　　　　　　　　)

葉緑体 DNA　内膜　(4　　　　)（基質部分）

◆光合成色素

葉緑体のチラコイドには，光エネルギーを吸収する 5＿＿＿＿＿＿＿が含まれている。

例）＿＿＿＿＿＿＿＿，カロテン，キサントフィルなど

主に吸収されている光

・紫色〜青色（400〜450nm）の光

・赤色（650〜700nm）の光

・6＿＿＿＿＿＿＿

　　光の波長と吸収の度合いの関係を表したもの。

・7＿＿＿＿＿＿＿

　　光の波長と光合成の速さの関係を表したもの。

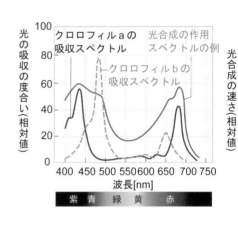

クロロフィルaの吸収スペクトル　光合成の作用スペクトルの例　クロロフィルbの吸収スペクトル　光の吸収の度合い（相対値）　光合成の速さ（相対値）　波長[nm]　紫青緑黄赤

Q 　光合成とはどのような反応なのだろうか？

・8＿＿＿＿＿＿＿を用いて ATP を合成し，その ATP のエネルギーを利用して，無機物である二酸化炭素から 9＿＿＿＿＿を合成する反応。

・真核生物の光合成は 10＿＿＿＿＿で起こる反応と，11＿＿＿＿＿で起こる反応に分けられる。

◤ B ◢ 光合成のくわしいしくみ

◆チラコイドでの反応

① クロロフィルが光エネルギーを受け取り，電子 ₁₂_____ を放出する。

② e^- を失った光化学系 II のクロロフィルは ₁₃_____ の分解で生じた e^- を受け取り，もとの

状態に戻る。このとき O_2 が発生する。

$$12H_2O \rightarrow 6O_2 + 24H^+ + 24e^-$$

③ 光化学系 II から放出された e^- は，次々とチラコイド膜にあるタンパク質に受け渡される。

④ e^- が移動するとき，₁₄_____ から ₁₅_____ 内に ₁₆_____ が輸送され，

H^+ の濃度勾配が形成される。

⑤ 光化学系 II から放出された e^- と ₁₇_____ が結合し，₁₈_____ になる。

$$12NADP^+ + 24H^+ + 24e^- \rightarrow 12 (NADPH + H^+)$$

⑥ チラコイド内外の H^+ の濃度勾配を利用して，H^+ が ₁₉_____ を通って ₁₄_____

_____ 側に移動する。このとき ₂₀_____ がつくられる。

この反応は，₂₁_____ とよばれる。

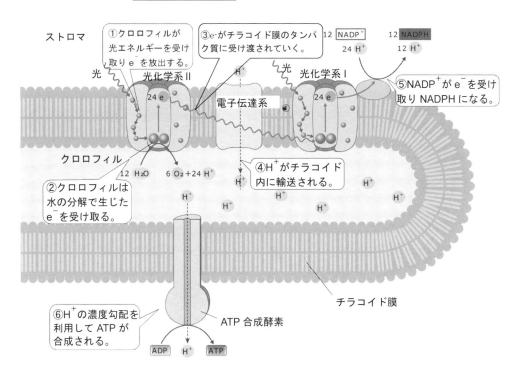

問 **10**　光合成のうち，チラコイドで起こる反応を，次のキーワードを用いて説明しなさい。（光化学系Ⅰ，光化学系Ⅱ，ATP）

◆ストロマでの反応

・　気孔から取り込まれた 22＿＿＿＿＿＿はリブロース 1,5-ビスリン酸（RuBP：C5）と結合し，

　　23＿＿＿＿＿＿＿＿＿＿＿＿（PGA：C$_3$）になる。

・　PGA は，24＿＿＿＿＿＿と反応し，さらに NADPH によって還元され，

　　25＿＿＿＿＿＿＿＿＿＿＿＿＿＿＿（GAP）になる。

・　一部の GAP は，多くの酵素の働きによって，スクロースや 26＿＿＿＿＿＿＿＿などになる。

　　残りの GAP は ATP のエネルギーを用いて再び 27＿＿＿＿＿＿＿に戻される。

$$6CO_2 + 12(NADPH + H^+) \rightarrow C_6H_{12}O_6 + 6H_2O + 12NADP^+$$

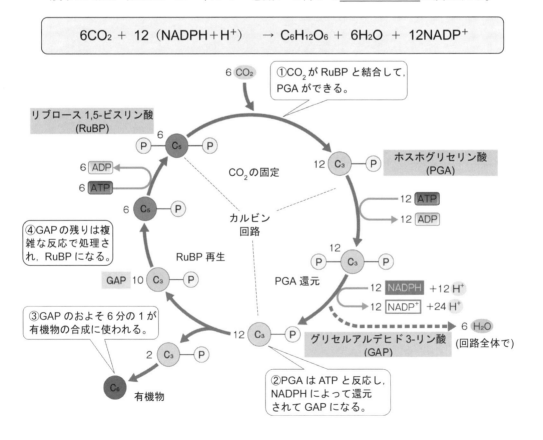

◆転流と貯蔵

カルビン回路で合成された GAP の一部は,

・デンプンとして一時的に葉緑体に貯蔵。

・スクロースなどに変化し,師管を通り各部に運ばれる（28_____）。

光合成のまとめ

●Memo●

◤ C ◢ 光合成をする生物には，他にどのようなものがいるだろうか？

29_____：光合成を行う細菌

・　30_____：クロロフィル a をもつ光合成細菌。

　→H_2O を分解し，31_____が発生する。

　→植物と同様に光化学系 I と II をもつ。

$$6CO_2 \ + \ 12H_2O \ + \ 光エネルギー \ \rightarrow \ C_6H_{12}O_6 \ + \ 6O_2 \ + \ 6H_2O$$

・　緑色硫黄細菌・紅色硫黄細菌：32_____をもつ光合成細菌。

　→硫化水素（H_2S）を分解し，33_____が発生する。

　→光化学系 I と II に似たものの一方しかもたない。

$$6CO_2 \ + \ 12 \, 34_____ \ + \ 光エネルギー \ \rightarrow \ C_6H_{12}O_6 \ +35_____ \ + \ 6H_2O$$

→進化の過程で，30_____が緑色硫黄細菌と紅色硫黄細菌の両方のしくみをあわせもつようになったと考えられている。

◢ Q ◣　光合成をする生物には，他にどのようなものがいるだろうか？

・　光合成をする生物には，植物の他に原核生物である 36_____がいる。
・　シアノバクテリアの光合成では植物と同様に H_2O の分解により 37_____が発生するが，緑色硫黄細菌や紅色硫黄細菌の光合成では，H_2S の分解により
　38_____（S）が生成される。

●Memo●

....
....
....
....
....

◤ D ◢ 光合成と呼吸の共通点・相違点

◆葉緑体とミトコンドリアの共通点

・ 膜構造をもち，膜内に 39＿＿＿＿＿＿＿＿＿がある。

・ 電子伝達系に電子が流れると，ミトコンドリアでは 40＿＿＿＿＿＿へ，

葉緑体では 41＿＿＿＿＿＿＿内へと 42＿＿＿＿＿が輸送され，どちらも膜を隔てて H^+ の濃

度勾配が形成される。濃度勾配に従って H^+ が 43＿＿＿＿＿＿＿＿＿を通過するときに ATP

が合成される。

◆葉緑体とミトコンドリアの相違点

ミトコンドリア…44＿＿＿＿＿＿を酸化することで取り出したエネルギーを ATP 合成に利用する

(45＿＿＿＿＿＿＿＿＿)。

葉緑体…46＿＿＿＿＿＿＿＿＿を利用して ATP を合成する(47＿＿＿＿＿＿＿)。

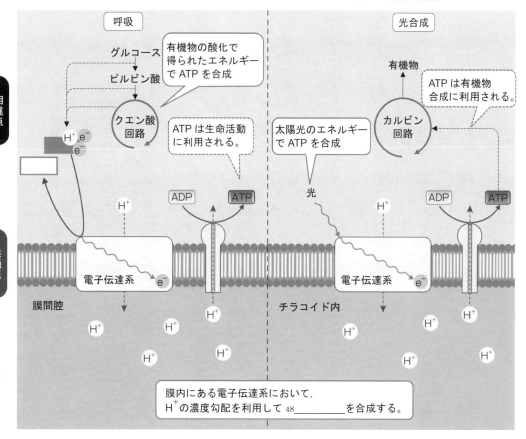

1 DNA と染色体 p.116～117

月　　日

検印欄

▰ A ▰ DNA の分子構造はどうなっているのだろうか？

◆DNA の構造

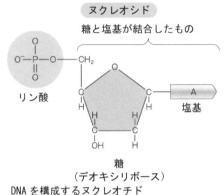

ヌクレオシド
糖と塩基が結合したもの

リン酸

糖
（デオキシリボース）
DNA を構成するヌクレオチド

塩基

・ 1＿＿＿＿＿＿＿＿＿＿＿＿が連なってできている。

　2＿＿＿＿＿＿

　3＿＿＿＿（デオキシリボース）

　4＿＿＿＿＿＿

　5＿＿＿＿＿＿＿（A）， 6＿＿＿＿＿＿（T），

　7＿＿＿＿＿＿＿（G） 8＿＿＿＿＿＿（C）

・　2 本のヌクレオチド鎖は，特定の塩基どうしが結合する塩基の 9＿＿＿＿＿＿＿がある。

→アデニンと 6＿＿＿＿＿＿，シトシンと 7＿＿＿＿＿＿＿が 10＿＿＿＿＿＿＿でつながり，全体

がねじれた 11＿＿＿＿＿＿＿＿＿をとる。

◆ヌクレオチド鎖の方向性

・　ヌクレオチド単体では 12＿＿＿＿＿＿の炭素にリン酸が

　　結合している。このリン酸が，他のヌクレオチドの糖

　　の 13＿＿＿＿＿の炭素に結合することでヌクレオチド

　　どうしが結合する。

・　ヌクレオチド鎖には方向性があり，末端がリン酸側を

　　14＿＿＿＿＿＿，糖の側を 15＿＿＿＿＿＿とよぶ。

→2 本のヌクレオチド鎖は逆方向を向いている。

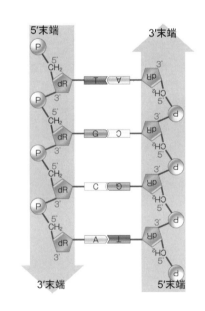

5'末端　　3'末端

3'末端　　5'末端

Q DNAの分子構造はどうなっているのだろうか？

・ 2本のヌクレオチド鎖が互いに逆方向を向き，16_____をつくっている。

・ ヌクレオチドの塩基にはアデニン（A），グアニン（G），シトシン（C），チミン（T）の4種類があり，16_____の中では，これらは塩基の 17_____に基づいて結合している。

●Memo●

◤ B ◢ 染色体はどのような構造をしているか？

◆真核生物の染色体

真核生物の染色体は，18＿＿＿＿＿＿＿と 19＿＿＿＿＿＿＿＿で構成されている。

→20＿＿＿＿＿＿＿というタンパク質のまわりに DNA が巻きついて 21＿＿＿＿＿＿＿＿＿を

形成する。

→21＿＿＿＿＿＿＿＿＿は 22＿＿＿＿＿＿＿＿とよばれる構造を形成し，核内に分散している。

(21　　　　　　　　　　)　　　　　　　(20　　　　　)　　　　　　　　　　　　(22　　　　　　　　)

DNA

核

◆原核生物の染色体

・　1 本の 23＿＿＿＿＿DNA となっている。

・　24＿＿＿＿＿がなく，染色体は 25＿＿＿＿＿＿＿＿中に存在している。

Q ▷　染色体はどのような構造をしているか？

・　真核生物の DNA は 26＿＿＿＿＿＿＿とよばれるタンパク質に巻きついて，ヌクレオソ
　　ームを形成している。ヌクレオソームは 27＿＿＿＿＿＿＿とよばれる構造を形成
　　し，核内に分散している。

・　原核生物の染色体は，1 本の 28＿＿＿＿＿の DNA で，細胞質基質中に存在している。

2 DNA の複製 p.118〜120

月　　日

検印欄

▶ A ◀ DNA はどのようなしくみで複製されているのだろうか？

◆メセルソンとスタールの実験

・DNA の複製の原理は，1958 年に 1＿＿＿＿＿＿＿と 2＿＿＿＿＿＿の行った実験によって

　証明された。

・窒素（N）の同位体（^{14}N と ^{15}N）を用いて実験を行った。

①　大腸菌を，^{15}N で構成された塩化アンモニウム（NH_4Cl）を加えた培地で培養する。

　　→DNA の塩基中に含まれる窒素がほとんどすべて 3＿＿＿＿となる大腸菌をつくる。

②　4＿＿＿＿を含む培地に移す。

③　分裂のたびに DNA を抽出し，遠心分離によってその比重を調べる。

→DNA の複製では，もとの DNA の 2 本鎖がほ

　どけ，それぞれの鎖に相補的な鎖が合成され，

　新しい鎖ともとの鎖からなる 2 本鎖 DNA とな

　ることが明らかになった。このような複製のし

　くみを 5＿＿＿＿＿＿＿という。

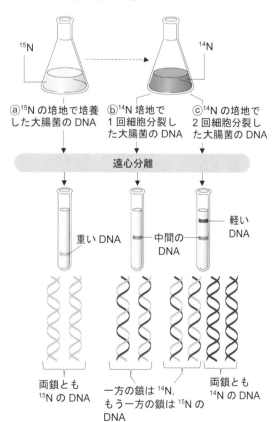

@^{15}N の培地で培養した大腸菌の DNA
ⓑ^{14}N 培地で1回細胞分裂した大腸菌の DNA
ⓒ^{14}N の培地で2回細胞分裂した大腸菌の DNA

遠心分離

重い DNA
中間の DNA
軽い DNA

両鎖とも ^{15}N の DNA
一方の鎖は ^{14}N，もう一方の鎖は ^{15}N の DNA
両鎖とも ^{14}N の DNA

◆DNA 複製のくわしいしくみ

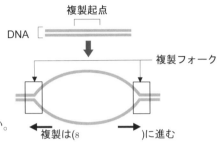

① 複製は複製起点から始まる。

　　→6＿＿＿＿＿＿＿＿＿の DNA には多数存在する。

　　→7＿＿＿＿＿＿＿＿＿の DNA には 1 か所しか存在しない。

② 複製起点から，ヌクレオチド鎖の両方向に向かってほどかれ，部分的に 1 本ずつのヌクレオ

　　チド鎖にわかれる。

　　→DNA はふくらんだ輪のような構造になる。輪の両端を 9＿＿＿＿＿＿＿＿＿＿＿＿という。

③ 1 本鎖となったヌクレオチド鎖は，それぞれが複製の鋳型となる。

④ 複製開始部の塩基配列に短いヌクレオチド鎖(10＿＿＿＿＿＿＿＿＿)が合成される。

⑤ 鋳型と相補的な塩基をもつヌクレオシド三リン酸(ヌクレオチド)が相補的に結合する。

⑥ 並んだヌクレオチドは 11＿＿＿＿＿＿＿＿＿＿＿＿＿によって連結される。

以上のようにして，もとと同じ塩基配列をもつ DNA が複製される。

DNA 鎖は DNA ポリメラーゼにより 12＿＿＿＿＿→13＿＿＿＿＿方向に合成される。

DNA がほどかれる方向と同じ方向に連続的に合成されるヌクレオチド鎖を 14＿＿＿＿＿＿＿

＿＿＿＿，DNA がほどかれる方向と逆向きに合成される短い断片をつないで不連続に合成される

ヌクレオチド鎖を 15＿＿＿＿＿＿＿＿＿という。

→ラギング鎖の合成でみられる短い DNA 断片を 16＿＿＿＿＿＿＿＿＿＿＿＿という。

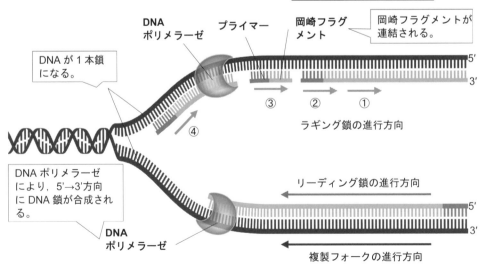

Q DNA はどのようなしくみで複製されているのだろうか？

・ 複製起点で 1 本鎖にほどかれ，それぞれのヌクレオチド鎖が鋳型となり，それぞれに
  相補的な塩基をもつヌクレオチドが 17＿＿＿＿＿＿＿＿＿＿＿によって連結される。

・ 18＿＿＿＿＿＿＿＿＿＿＿は DNA がほどかれる方向と同じ方向に連続的に合成される。

・ 19＿＿＿＿＿＿＿＿＿は DNA がほどかれる方向と逆向きに合成される 20＿＿＿＿＿＿＿
  ＿＿＿＿＿とよばれる短い DNA 断片を連結することで不連続に合成される。

●Memo●

▶ B ◀ 複製に生じた誤りはどのように修復されるのだろうか？

・DNA 複製時に間違った塩基が結合することがある。

→その割合は，塩基対 21＿＿＿＿＿＿＿個あたり 1 個といわれている。

ヒトの細胞 1 つが分裂するごとに約 22＿＿＿＿＿＿個の間違いが起きている。

●修復の仕方

① 間違った塩基をもつヌクレオチドが結合する。

② そのヌクレオチドが取り除かれる。

③ 23＿＿＿＿＿＿＿＿＿＿＿＿＿によって正しいヌクレオチドがつなぎ直される。

→複製全体で間違いが発生する割合は，約 24＿＿＿＿＿＿個あたり 1 個にまで下がるといわれている。

鋳型となる鎖
3′
DNA ポリメラーゼ

5′
合成された鎖

間違った塩基をもつ
ヌクレオチドが結合する

(23 ＿＿＿＿＿＿＿＿＿＿＿）は複製
を止め，間違ったヌクレオチドを取り除く

正しいヌクレオチドを
結合する

問 11 DNA の複製のしくみについて，次のキーワードを用いて説明しなさい。

（リーディング鎖，ラギング鎖，DNA ポリメラーゼ）

3 遺伝子の発現 p.121～126

月　　日　　検印欄

A 遺伝情報をもとに，どのようにしてタンパク質が合成されるのだろうか。

◆1＿＿＿＿＿＿＿＿＿＿：遺伝情報が DNA → RNA →タンパク質の一方向に伝わるという考え方。

◆RNA

DNA と同様，RNA は

2＿＿＿＿＿＿＿＿が連なってできている。

- 3＿＿＿＿＿＿
- 糖(4＿＿＿＿＿＿)
- 5＿＿＿＿＿＿
  - 6＿＿＿＿＿＿(A)，7＿＿＿＿＿＿(U)，
  - 8＿＿＿＿＿＿(G)，9＿＿＿＿＿＿(C)

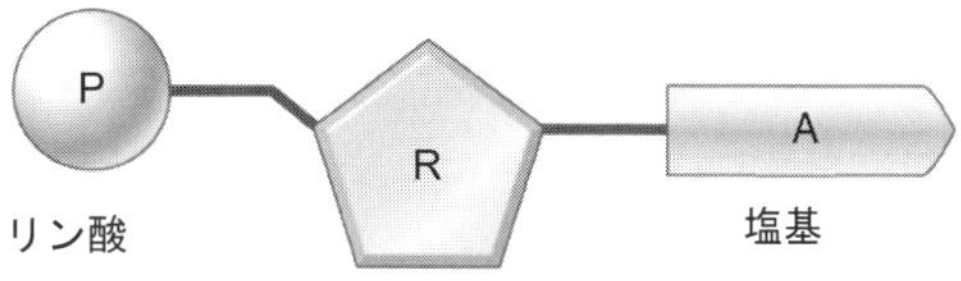

	糖	塩基	構造	働き
DNA	dR デオキシリボース	A アデニン　G グアニン　T チミン　C シトシン	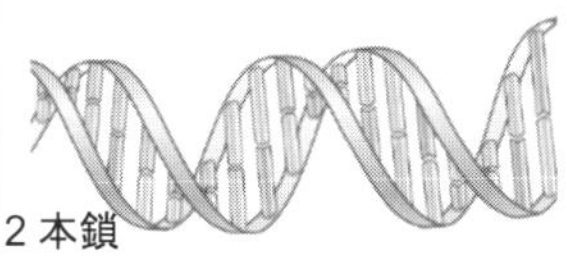 2本鎖	遺伝情報の本体
RNA	R リボース	A アデニン　G グアニン　U ウラシル　C シトシン	 1本鎖	遺伝情報の伝達など

→RNA には，DNA の遺伝情報が転写された 10＿＿＿＿＿＿，翻訳にかかわる 11＿＿＿＿＿＿，リボソームの成分である 12＿＿＿＿＿＿などがある。

Q 遺伝情報をもとに，どのようにしてタンパク質が合成されるのだろうか？

DNA の遺伝情報は，いったん 13＿＿＿＿＿＿に転写され，mRNA の塩基配列をもとにアミノ酸配列に翻訳され 14＿＿＿＿＿＿＿＿が合成される。

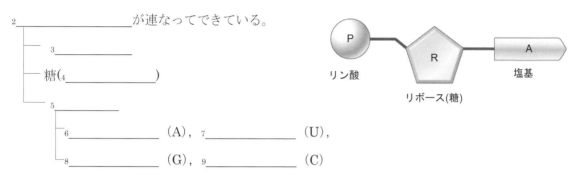

◤ B ◢ 転写とはどのようなしくみだろうか？

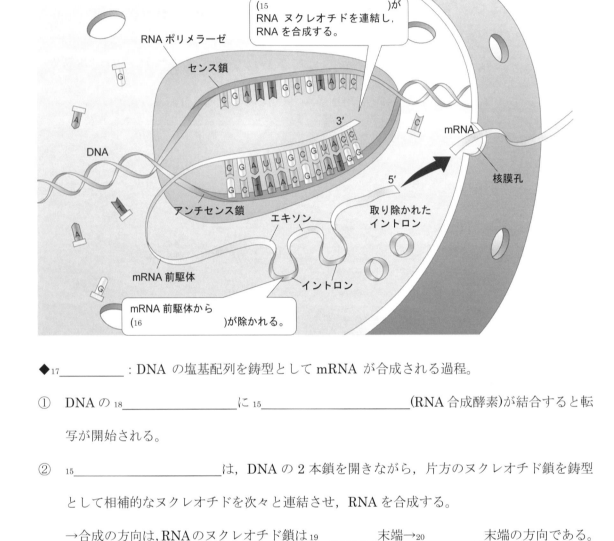

◆17_____：DNA の塩基配列を鋳型として mRNA が合成される過程。

① DNA の 18_____に 15_____(RNA 合成酵素)が結合すると転写が開始される。

② 15_____は，DNA の 2 本鎖を開きながら，片方のヌクレオチド鎖を鋳型として相補的なヌクレオチドを次々と連結させ，RNA を合成する。

→合成の方向は，RNAのヌクレオチド鎖は 19_____末端→20_____末端の方向である。

→DNA の 2 本鎖のうち RNA に転写される鎖を 21_____鎖，

転写されない鎖を 22_____鎖という。

●Memo●

....
....
....
....
....

◆スプライシング

23＿＿＿＿＿＿＿：タンパク質に翻訳される領域。

24＿＿＿＿＿＿＿：翻訳されない領域。

25＿＿＿＿＿＿＿：真核生物の核内で mRNA 前駆体からイントロンに対応する部分が切り

落とされ，エキソンに対応する部分のみがつなぎ合わされて 26＿＿＿＿＿＿がつくられる過程。

◆選択的スプライシング

スプライシングのとき，同一の遺伝子から異な

る 27＿＿＿＿＿＿に対応する部分の組合せ

をもつの mRNA がつくられることを 28＿＿＿＿

＿＿＿＿＿＿＿＿という。

→1 つの遺伝子から複数種類の

29＿＿＿＿＿＿が合成される。

→30＿＿＿＿＿の数よりも多くの種類のタ

ンパク質がつくられる。

問 12 mRNA 合成の過程について，次のキーワードを用いて説明しなさい。

（RNA ポリメラーゼ，プロモーター，スプライシング）

◆◆◆Challenge◆◆◆〜遺伝子とタンパク質の関係の解明〜

1945 年, 31＿＿＿＿＿＿＿＿＿＿と 32＿＿＿＿＿＿＿＿＿＿は，1つの 33＿＿＿＿＿＿＿＿が1種類の

34＿＿＿＿＿＿と対応しているという 35＿＿＿＿＿＿＿＿＿＿＿＿を提唱した

〔実験〕

最少培地で生育できる野生型の 36＿＿＿＿＿＿＿＿＿＿＿の胞子にX線を照射して次の①〜③のよう

な3種類の突然変異体を得た。

①　　最小培地に 37＿＿＿＿＿＿＿＿＿を加えないと生育しない。

②　　アルギニンのかわりに 38＿＿＿＿＿＿＿＿＿を与えても生育する。

③　　アルギニンのかわりに 38＿＿＿＿＿＿＿＿か 39＿＿＿＿＿＿＿＿＿を与えても生育する。

(1)アカパンカビにおけるアルギニンの合成経路は図 a に示す通りである。変異株①〜③では，ど

のような突然変異が起きているだろうか。

変異株①：

変異株②：

変異株③：

(2)この実験結果から「一遺伝子一酵素説」を検証してみよう。

▰ C ▰ 翻訳とはどのようなしくみだろうか？

◆RNA

40_____：タンパク質合成の場である 41_____を構成する RNA。

42_____：mRNA の連続した 3 つの塩基(43_____)に対応した 44_____を運

ぶ RNA。

rRNA

rRNA
大サブユニット
小サブユニット

tRNA

アミノ酸結合部位
3′
A
C
C
5′
水素結合
A A G （47

（45   ）

（46   ）

（42   ）

（44   ）
)

センス鎖
| G | C | A | C | G | A | T | T |

| C | G | T | T | G | C | T | A | A |
アンチセンス鎖

| G | C | A | A | C | G | A | U | U |
コドン

アンチコドン
| C | G | U | U | G | C | U | A | A |

アラニン　トレオニン　イソロイシン

●Memo●

◆48_____：mRNA の塩基配列をもとにタンパク質が合成される過程。

①　スプライシングによって完成した mRNA は，49_____を通って細胞質基質へ出ると，

　　50_____と結合する。

②　mRNA の塩基配列に対応するアミノ酸と結合した 51_____がリボソームに達する。

③　アミノ酸どうしが 52_____で連結され 53_____が合成される。

タンパク質

イソロイシン

ヒスチジン

核

③アミノ酸がペプチド
結合で連結し，タン
パク質が合成される。

②tRNA が mRNA の
コドンに対応した
（54　　　　　　　　）を
運ぶ。

アミノ酸

グルタミン酸

tRNA

ロイシン

リシン

アルギニン

トレオニン

セリン

C U U

5′

G C A

U G A U C G

3′

C U G A A A C G U A C U A G C G A A C C U U

セリン

mRNA

①mRNA がリボソーム
に結合する。

翻訳の進む方向

トレオニン

U G A

リボソーム

（55　　　　　　　　　）

◆遺伝暗号表

・　タンパク質を構成する 56_____は 57_____種類ある。

・　アミノ酸を指定するコドンは 58_____通りある。

→　多くの場合，複数のコドンが同一の 56_____を指定している。

59_____：タンパク質の合成開始を指定するコドン。

60_____：翻訳の終了を指定するコドン。

61_____（コドン表）：62_____と 56_____の対応をまとめた表。

・　遺伝暗号表は，ほとんどすべての生物で共通である。

Q 翻訳とはどのようなしくみだろうか？

核膜孔を通って 63＿＿＿＿＿＿＿＿へ出た mRNA に 64＿＿＿＿＿＿＿＿＿＿が結合する。

mRNA の塩基配列に対応したアミノ酸を 65＿＿＿＿＿＿＿が運んできて，アミノ酸どうし

を 66＿＿＿＿＿＿＿＿＿＿で連結し，ポリペプチドを合成する。

◤ D ◢ 原核生物における転写・翻訳のしくみ

・ 原核生物の遺伝子には，一般に 67＿＿＿＿＿＿＿＿＿＿は存在しない。

・ DNA から mRNA への 68＿＿＿＿＿＿が始まると，転写の終了を待たずに 69＿＿＿＿＿＿＿＿＿＿

が結合してタンパク質合成が開始される。

→68＿＿＿＿＿＿と 70＿＿＿＿＿＿が同時に起こる。

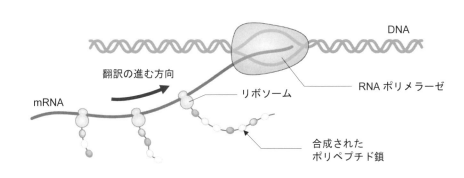

●Memo●

109

4　遺伝子の発現調節　p.127〜131

月　　日　　検印欄

▲ A ▲　遺伝子が発現するかどうかは，どのように決まるのだろうか？

細胞内の遺伝子はすべてがつねに働いているわけではなく，必要に応じて発現している。

〈実験〉

大腸菌は，₁_____を呼吸基質として利用する。

●ラクトースがある場合

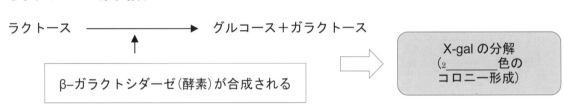

ラクトース　──────────→　グルコース＋ガラクトース

↑

β−ガラクトシダーゼ(酵素)が合成される

⇒　X-gal の分解
（₂_____色の
コロニー形成）

●ラクトースがない場合

ラクトース　──────────→　グルコース＋ガラクトース

↑

β−ガラクトシダーゼ(酵素)は合成されない

　X-gal は分解されない
（青色のコロニーは形成
されない）

寒天培地に X-gal と，グルコース，ラクトースを以下に示す 4 通りで添加し，それぞれの培地で大腸菌を培養した。

❶ラクトース，グルコースを添加。

❷グルコースのみを添加。

❸ラクトースのみを添加。

❹ラクトース，グルコースともに添加しない。

培養の結果，❸の培地でのみ青色のコロニーが形成され，❶と❷の培地では白色のコロニーが形成された。❹の培地ではうすい青色の非常に小さいコロニーが形成された。

(1)❸の培地で青色のコロニーが形成されたのはなぜだろうか。

（囲み回答欄）

(2)ラクトースを添加した❶の培地で青色コロニーが形成されなかったのはなぜだろうか。

（囲み回答欄）

(3)以上の結果から，β-ガラクトシダーゼの遺伝子はどのような条件で発現すると考えられるか。

（囲み回答欄）

◆大腸菌の発現調節

表　実験の結果

❶ラクトース，グルコースを添加	❷グルコースのみを添加	❸ラクトースのみを添加	❹ラクトース，グルコースともに添加しない
白色のコロニー	白色のコロニー	青色のコロニー	うすい青色のコロニー

→大腸菌は，₃_____がなく₄_____がある場合にのみ，β-ガラクトシダー

ゼの遺伝子を発現させている。

→細胞内にある遺伝子は必要なときにだけ働いている。遺伝子の発現は，おもに₅_____開始

時に調節される。

◆遺伝子の発現調節

6＿＿＿＿＿＿＿＿＿＿＿＿：発現調節にかかわる領域。

7＿＿＿＿＿＿＿＿＿＿＿＿：RNA ポリメラーゼが結合する特定の塩基配列。

8＿＿＿＿＿＿＿＿＿＿＿＿：9＿＿＿＿＿＿＿＿＿＿＿に結合して遺伝子の発現を調節するタンパク質。

10＿＿＿＿＿＿＿＿＿＿＿：調節タンパク質の遺伝子。

調節遺伝子 　　　（8 　　　　　　　　　　　　　　　　）の遺伝子

プロモーター 　　　　　　　　　　　　　　　　転写調節領域
（11 　　　　　　　　　　　）が 　　　　　　調節タンパク質が
結合する領域 　　　　　　　　　　　　　　　結合する部位

真核生物では，

・　　1 つの遺伝子ごとに発現が調節される。

・　　1 つの遺伝子に対して複数の 6＿＿＿＿＿＿＿＿＿＿が存在する。

・　　転写後に 12＿＿＿＿＿＿＿＿＿＿を受けるなど，転写時以外にも発現調節が行われている。

Q 　遺伝子が発現されるかどうかは，どのように決まるのだろうか？

細胞外の環境によって，13＿＿＿＿＿＿＿＿＿＿が転写調節領域に結合したりはずれたりすることで，RNA ポリメラーゼの 14＿＿＿＿＿＿＿＿＿＿への結合を調節し，遺伝子の発現を調節している。

●Memo●

◢ B ◣ 原核生物では，遺伝子発現はどのように調節されるのだろうか？

・　原核生物では，機能的に関係のある遺伝子が隣り合って存在し，まとめて転写されることが

　　多い。

→ このまとまりを 15＿＿＿＿＿＿＿＿という。

・　オペロンの転写は 16＿＿＿＿＿＿＿＿＿＿＿によって調節されている。

17＿＿＿＿＿＿＿＿＿＿：オペロンの 16＿＿＿＿＿＿＿＿＿＿＿が結合する調節領域。

◆ラクトースオペロンの発現調節

大腸菌

・　ふつうはグルコースを代謝に利用する。

・　グルコースが十分になく，ラクトースが豊富にある培地で培養した場合，

　　18＿＿＿＿＿＿＿＿＿＿＿＿を含む 3 種類の酵素をつくる。

　　→これらの遺伝子は隣り合って存在しており，19＿＿＿＿＿＿＿＿＿＿＿を構成している。

《ラクトースが存在しない場合》

・調節タンパク質（リプレッサー）が 20＿＿＿＿＿＿＿＿＿に結合する。

　　→　21＿＿＿＿＿＿＿＿＿＿＿の 22＿＿＿＿＿＿＿＿への結合が阻害される。

　　　　→　19＿＿＿＿＿＿＿＿＿＿＿の転写が阻害され，18＿＿＿＿＿＿＿＿＿＿＿などの

　　　　酵素はつくられない。

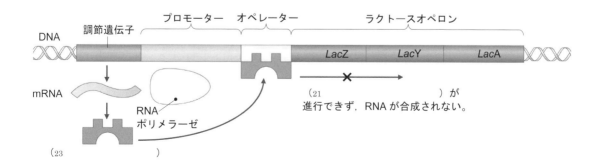

《ラクトースが存在する場合》

・　リプレッサーにラクトース代謝産物が結合する。

　　→　リプレッサーが 20＿＿＿＿＿＿＿＿＿＿に結合できない。

　　　　→　RNA ポリメラーゼが 22＿＿＿＿＿＿＿＿＿＿に結合できるようになる。

　　　　　→19＿＿＿＿＿＿＿＿＿＿＿＿＿が転写される。

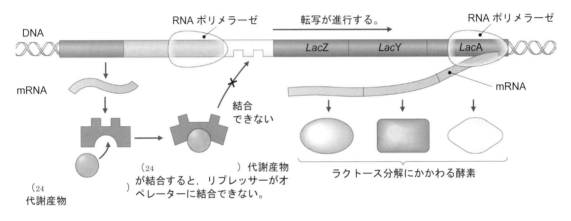

DNA

RNA ポリメラーゼ　　　　転写が進行する。　　　　　　RNA ポリメラーゼ

LacZ　　　LacY　　　LacA

mRNA

mRNA

結合
できない

（24　　　　　　　　　）代謝産物
が結合すると，リプレッサーがオ
ペレーターに結合できない。

ラクトース分解にかかわる酵素

（24
代謝産物

●Memo●

114

◆トリプトファンオペロン

25＿＿＿＿＿＿＿＿＿＿＿＿＿＿＿＿では，トリプトファンが存在すると遺伝子発現が 26＿＿＿＿＿＿

される。

《トリプトファンが存在しない場合》

・　リプレッサーは，不活性化状態でオペレーターに結合できない。

　　→　RNA ポリメラーゼが 27＿＿＿＿＿＿＿＿＿＿に結合する。

　　　　→　トリプトファンオペロンが転写される。

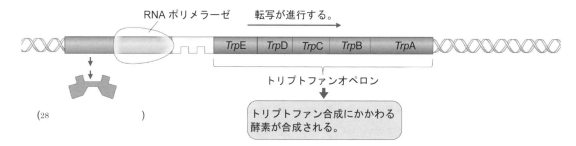

RNA ポリメラーゼ　　　転写が進行する。

TrpE | TrpD | TrpC | TrpB | TrpA

トリプトファンオペロン

(28　　　　　　　　　　)

トリプトファン合成にかかわる
酵素が合成される。

《トリプトファンが十分に合成されたとき》

・　リプレッサーに 29＿＿＿＿＿＿＿＿＿＿が結合して活性化され，オペレーターに結合する。

　　→　RNA ポリメラーゼがプロモーターに結合できない。

　　　　→　トリプトファンオペロンは転写されない。

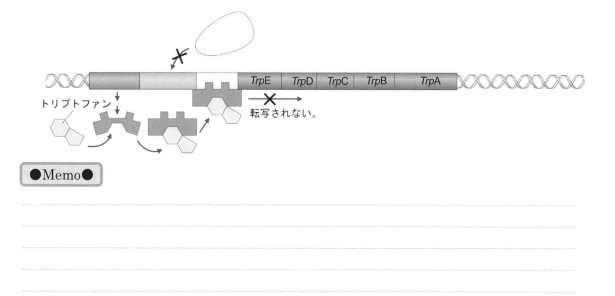

トリプトファン

TrpE | TrpD | TrpC | TrpB | TrpA

転写されない。

●Memo●

- オペロンの転写は 30_____によって調節されており，オペレーターは
オペロンの調節タンパク質が結合する 31_____である。

- 大腸菌のラクトースオペロンでは，ラクトースの代謝産物が 32_____と
よばれる調節タンパク質に結合すると，リプレッサーが 33_____に結合
できなくなり，転写が開始される。

▶ **C** 真核生物では，遺伝子の発現はどのように調節されるだろうか？

- 真核生物では 34_____が凝縮していると転写されず，34_____がほど
けることで転写されるようになる。

- クロマチンがほどけ，35_____・36_____・37_____
_____が複合体を形成してプロモーターに結合すると，転写が開始する。

(35   )   プロモーター

転写調節領域   遺伝子

(35   )

(36   )

(37   )   転写

- 1つの遺伝子は，複数の 35_____による調節を受ける。

- 1つの 35_____が複数の遺伝子を調節する。

- 調節タンパク質自身が他の 35_____によって発現が制御される。

Q 真核生物では，遺伝子の発現はどのように調節されるだろうか？

多数の 38＿＿＿＿＿＿＿＿＿＿とよばれるタンパク質が RNA ポリメラーゼとともにプロモーターに結合することで転写を開始する。

プロモーター以外にも転写調節にかかわる転写調節領域とよばれる DNA の領域が存在し，転写調節領域に，さまざまな種類の 39＿＿＿＿＿＿＿＿＿＿が結合することで，転写が調節される。

●Memo●

◤ 1 ◢ 動物の配偶子形成と受精　p.134〜136

月　　日

検印欄

◤ A ◢ 卵や精子はどのようにつくられるのだろうか？

₁＿＿＿＿＿＿＿＿＿＿（₂＿＿＿＿n）：発生初期の動物の体内にある，将来配偶子となる細胞。

→卵巣に移動して ₃＿＿＿＿＿＿＿＿（₄＿＿＿＿n），精巣に移動して ₅＿＿＿＿＿＿＿＿（₆＿＿＿＿n）に分化

する。

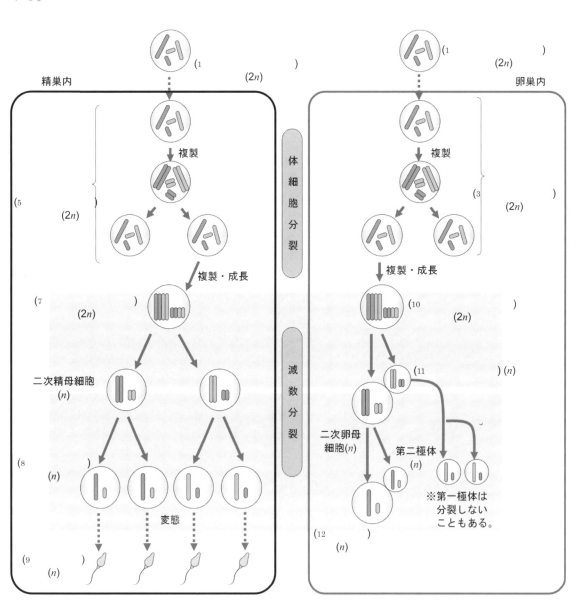

◆卵の形成

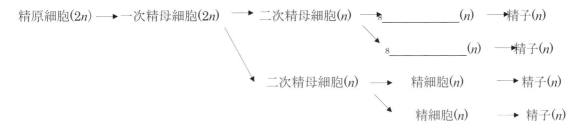

卵原細胞(2n) ⟶₁₀_____(2n) ⟶二次卵母細胞(n) ⟶₁₂_____(n)

第一極体(n)　　　　第二極体(n)

極体が放出される部分を ₁₃_____, 反対側を ₁₄_____ とよぶ。

◆精子の形成

精原細胞(2n) ⟶ 一次精母細胞(2n) ⟶ 二次精母細胞(n) ⟶₈_____(n) ⟶精子(n)

₈_____(n) ⟶精子(n)

二次精母細胞(n) ⟶ 精細胞(n) ⟶ 精子(n)

精細胞(n) ⟶ 精子(n)

・　精細胞は，成熟とともに長い鞭毛が発達
　　し，運動能力をもった ₉_____にな
　　る。

・　ウニやヒトの精子は，核と先体をもつ
　　₁₅_____, 中心粒とミトコンドリアを
　　含む ₁₆_____, 鞭毛でできた
　　₁₇_____から構成される。

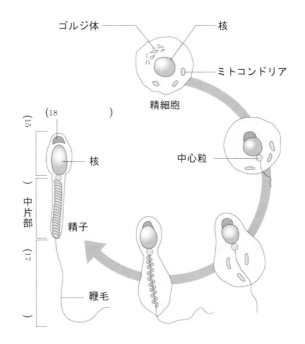

●Memo●

119

Q 卵や精子はどのようにつくられるのだろうか?

- 卵原細胞（2n）は, 19＿＿＿＿＿＿＿＿＿＿により増殖して, 一部が卵黄をもつ一次卵母細胞（2n）となる。一次卵母細胞は減数分裂による 2 回の分裂により, 20＿＿＿＿＿と極体になる。

- 精原細胞（2n）は分裂を繰り返して増殖し, 一部が 21＿＿＿＿＿＿＿＿＿＿（2n）となる。一次精母細胞は, 減数分裂による 2 回の分裂で, 4 個の 22＿＿＿＿＿＿＿となる。精細胞は成熟とともに長い 23＿＿＿＿＿＿が発達し, 細胞質のほとんどを失って, 運動能力をもった精子になる。

◤B◥ 受精はどのようにして起こるのだろうか?

24＿＿＿＿＿＿：精子が卵に進入し, それぞれの核が融合する現象。

◆ウニの受精

① 精子が 25＿＿＿＿＿＿＿に到達。

② 先体から 25＿＿＿＿＿＿＿を分解する物質を放出。

③ アクチンフィラメントが伸長し, 26＿＿＿＿＿＿＿が形成される。

27＿＿＿＿＿＿反応

④ 精子が卵の細胞膜に融合。

⑤ 卵黄膜は精子進入点を起点として, しだいに卵の表面から離れていく。卵黄膜は, 表層粒に含まれていた酵素の作用により, 硬化して 28＿＿＿＿＿＿となる。

→受精膜は他の 29＿＿＿＿＿が卵に進入するのを防ぐ。

⑥ 30＿＿＿＿＿と 31＿＿＿＿＿が融合し, 受精が完了する。

●Memo●

....
....
....
....
....

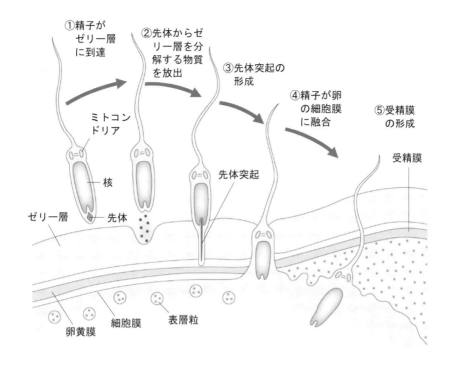

①精子が
ゼリー層
に到達

②先体からゼ
リー層を分
解する物質
を放出

③先体突起の
形成

④精子が卵
の細胞膜
に融合

⑤受精膜
の形成

ミトコン
ドリア

核

ゼリー層

先体

先体突起

受精膜

卵黄膜

細胞膜

表層粒

問 13 ウニの受精時に受精膜が形成されるしくみを，次のキーワードを用いて説明しなさい。

（表層粒，卵黄膜，受精膜）

Q 受精はどのようにして起こるのだろうか？

ウニでは，精子の ₃₂＿＿＿＿＿＿＿＿によって卵をとりまくゼリー層が分解され，精子
が卵の細胞膜に融合すると，₃₃＿＿＿＿＿＿＿が形成される。その後，卵に進入した精
核は卵核に近づき，両者は融合して受精が完了する。

●Memo●

2 初期発生の過程 p.137〜141

月　　日

検印欄

▶ A ◀ 受精卵はどのように分裂していくのだろうか？

1＿＿＿＿＿＿：動物の受精卵における初期の体細胞分裂。

→卵割でできた細胞を 2＿＿＿＿＿＿，卵割をはじめた発生初期の個体を 3＿＿＿＿＿という。

◆卵割

卵割では，

・　分裂後に割球は成長 4＿＿＿＿＿＿＿ため，

　　卵割が進むにつれて一つ一つの割球は

　　5＿＿＿＿＿＿＿なる。

・　細胞周期のうち G_1 期や G_2 期を欠くこともあ

　　るため，ふつうの体細胞分裂に比べて細胞周

　　期が 6＿＿＿＿＿＿。

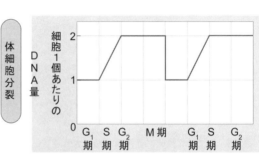

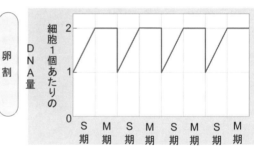

●Memo●

◆卵と卵割の種類

・7_____：卵黄の量が少なく，均等に分布している卵。

・8_____：卵黄の量が多く，植物極側にかたよって分布している卵。

・9_____：卵黄が中央にかたよって分布している卵。

卵の種類	卵割様式	初期発生の過程		
等黄卵 （ウニ） 卵黄が少なく，均等に分布。	(10) …卵全体が分裂する。	2細胞期 →等割	4細胞期 →等割	8細胞期
端黄卵 （カエル） 卵黄が多く，植物極側にかたよって分布。		2細胞期 →等割	4細胞期 →不等割	8細胞期
心黄卵 （キイロショウジョウバエ） 卵黄が多く，卵の中央に分布。	(11) …卵の表面が分裂する。	受精卵(2核)	→ 核のみ分裂	胞胚期

Q 受精卵はどのように分裂していくのだろうか？

・ 卵は 12_____によって細胞数を増やすが，このとき割球は成長せず，一つ一つ
の割球は 13_____なる。

・ 卵割では，細胞周期のうち G_1 期や G_2 期を欠くこともあり，ふつうの体細胞分裂に比
べて細胞周期が 14_____。

●Memo●

....
....
....
....
....
....

◢ B ◣ 卵割によって胚はどのように変化するのだろうか？

カエルの卵は，卵黄が植物極側にかたよって分布する 15＿＿＿＿＿＿である。

◆卵割の過程（例：カエル）

・ 精子が卵の 16＿＿＿＿＿側に進入すると，その進入点の反対側の表層に，周囲とは色の異なる領域ができ，将来の背側となる。

・ 4細胞期になる卵割まで 17＿＿＿＿割，8細胞期になる卵割から 18＿＿＿＿＿割。

・ 卵は卵割により割球の数を増やし，桑実胚を経て胞胚になる。胞胚腔は，19＿＿＿＿＿側にかたよってできる。

◆胚葉の形成（原腸胚初期〜原腸胚後期）

・ 赤道面のやや植物極よりの細胞が 20＿＿＿＿＿し，21＿＿＿＿＿が形成される。

・ 陥入する部分…原口，原口の上側…22＿＿＿＿＿＿＿。

・ 原口は最終的に内胚葉によってうめられ，23＿＿＿＿＿となる。

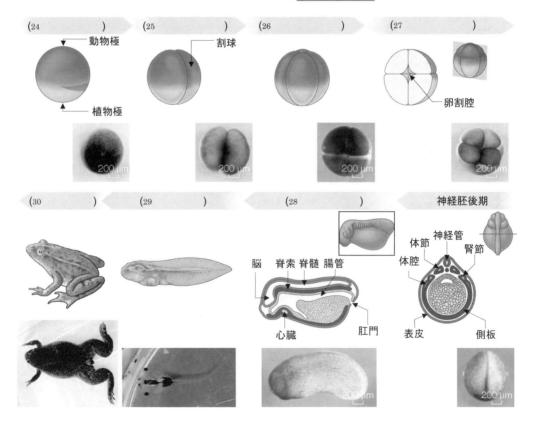

| (24   ) | (25   ) | (26   ) | (27   ) |

動物極　植物極　割球　卵割腔

| (30) | (29) | (28) | 神経胚後期 |

脳　脊索　脊髄　腸管　心臓　肛門

神経管　体節　腎節　体腔　表皮　側板

◆胚葉の形成

・　原腸胚期に，31＿＿＿＿＿＿＿，32＿＿＿＿＿＿＿，33＿＿＿＿＿＿＿の区別ができるようになる。

◆神経の形成と変態（神経胚初期～成体）

・　外胚葉は背側で平らになって 34＿＿＿＿＿＿＿を形成する。

　　→神経板の縁が中央でつながり，35＿＿＿＿＿＿＿を形成。

・　胚が前後に伸びて，頭部と尾の形成が始まり，36＿＿＿＿＿＿＿となる。

・　ふ化して 37＿＿＿＿＿＿になり，成長，変態して 38＿＿＿＿＿＿になる。

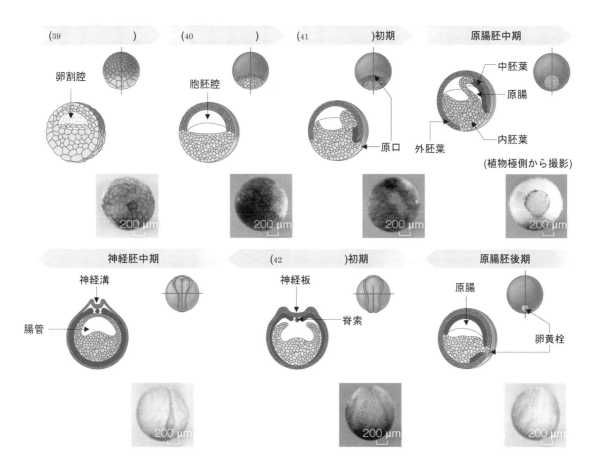

(39　　　　) 卵割腔

(40　　　　) 胞胚腔

(41　　　)初期　原口

原腸胚中期　中胚葉　原腸　外胚葉　内胚葉　(植物極側から撮影)

200 μm

神経胚中期　神経溝　腸管

(42　　　)初期　神経板　脊索

原腸胚後期　原腸　卵黄栓

200 μm

◤C◢ 器官はどのように形成されるのだろうか？

43_____：最初は同質だったそれぞれの細胞が，異なる形態や機能をもつようになること。

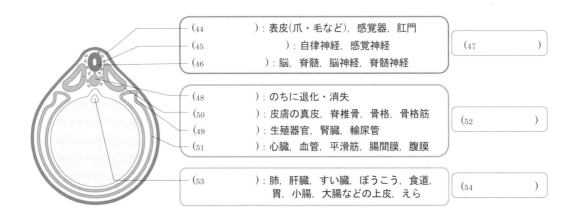

(44　　　　　　)：表皮(爪・毛など)，感覚器，肛門
(45　　　　　　)：自律神経，感覚神経
(46　　　　　　)：脳，脊髄，脳神経，脊髄神経

(47　　　　　　)

(48　　　　　　)：のちに退化・消失
(50　　　　　　)：皮膚の真皮，脊椎骨，骨格，骨格筋
(49　　　　　　)：生殖器官，腎臓，輸尿管
(51　　　　　　)：心臓，血管，平滑筋，腸間膜，腹膜

(52　　　　　　)

(53　　　　　　)：肺，肝臓，すい臓，ぼうこう，食道，胃，小腸，大腸などの上皮，えら

(54　　　　　　)

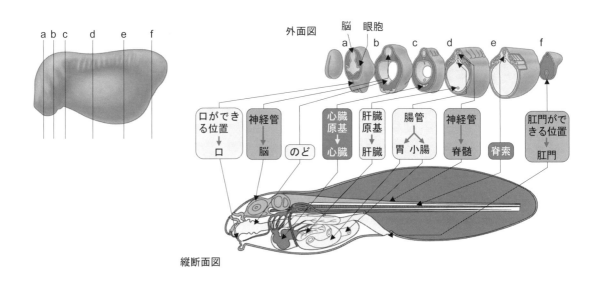

外面図　脳　眼胞　a　b　c　d　e　f

口ができる位置 → 口
神経管 → 脳
のど
心臓原基 → 心臓
肝臓原基 → 肝臓
腸管 → 胃　小腸
神経管 → 脊髄
脊索
肛門ができる位置 → 肛門

縦断面図

Q 器官はどのように形成されるのだろうか？

神経胚のころからは，各胚葉が形をかえ，器官が形成される。最初は同質だったそれぞれの細胞が，異なる形態や機能をもつようになることを 55_____ といい，どの胚葉からどのような組織・器官が分化するかは，すべての 56_____ でおおむね共通している。

●Memo●

3 発生のしくみと遺伝子発現 p.142〜147

月　　日 　検印欄

▶ A ◀ 受精卵からどのようにして複雑なからだが形成されるのか？

◆軸の形成

動物の複雑なからだの形成は，まず体軸が決定されることから始まる。

・ 1＿＿＿＿＿＿＿＿：頭と尾を結ぶ軸。

・ 2＿＿＿＿＿＿＿＿：背と腹の方向の軸。

・ 3＿＿＿＿＿＿＿＿：左右方向の軸。

《ショウジョウバエの頭尾軸の決定》

頭尾軸は，4＿＿＿＿＿＿＿＿＿＿＿＿＿＿＿の濃度勾配によって形成される。

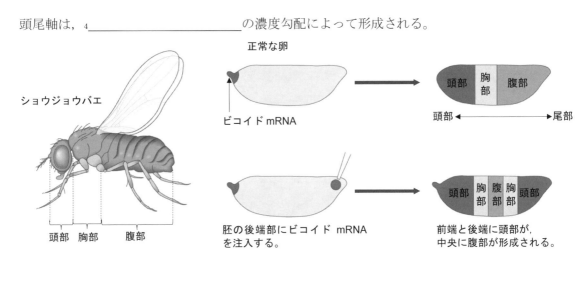

正常な卵

ショウジョウバエ

ビコイド mRNA

頭部　胸部　腹部

頭部 ◀━━━━▶ 尾部

頭部　胸部　腹部

胚の後端部にビコイド mRNA
を注入する。

頭部　胸部　腹部　胸部　頭部

前端と後端に頭部が，
中央に腹部が形成される。

◆母性因子

5＿＿＿＿＿＿＿＿：動物の卵に蓄えられた，胚の初期発生に必要な mRNA やタンパク質。

→受精卵における母性因子の分布のかたよりが，動物の体軸決定に関係している。

●Memo●

◆ショウジョウバエの頭尾軸の決定

ショウジョウバエの未受精卵には，

前端部・・・6＿＿＿＿＿＿＿＿＿＿＿

後端部・・・7＿＿＿＿＿＿＿＿＿＿

が分布する。

→これらが受精後に翻訳されてできたタンパク質の

濃度勾配が位置情報となって頭尾軸を形成する。

→発生が進むと，これらのタンパク質が

8＿＿＿＿＿＿＿＿＿＿＿として働き，頭尾軸に沿ってか

らだが形成される。

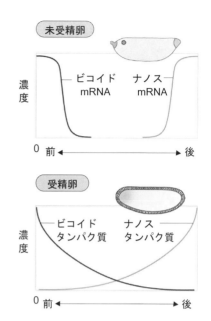

◆カエルの背腹軸の決定

① 精子が卵の 9＿＿＿＿＿＿側に進入。

② 卵の表層が約 30°回転する。これに伴い，10＿＿＿＿＿＿＿＿＿＿タンパク質も卵の側方に

　移動する。

③ 10＿＿＿＿＿＿＿＿＿タンパク質が，11＿＿＿＿＿＿＿＿タンパク質の分解を抑制。

④ 残った 11＿＿＿＿＿＿＿タンパク質が背側に特徴的な遺伝子を発現させる。

⑤ 10＿＿＿＿＿＿＿＿＿タンパク質が分布しない領域は 12＿＿＿＿＿になる。

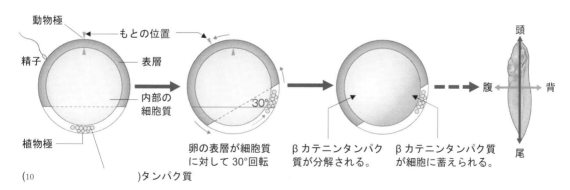

Q 受精卵からどのようにして複雑なからだが形成されるのか?

・ 卵に蓄えられている,胚の初期発生に必要な mRNA やタンパク質を 13＿＿＿＿＿＿＿ と いう。

・ 母性因子の分布のかたよりによって 14＿＿＿＿＿ が決められ,胚の領域ごとに異なる 遺伝子が発現し,15＿＿＿＿＿ が起こっている。

◢ B ◢ 細胞はどのようにして分化するのだろうか?

16＿＿＿＿＿ :ある細胞が,近くにある別の細胞の分化の方向を決める働き。

17＿＿＿＿＿(18＿＿＿＿＿＿＿＿＿):接する未分化な細胞に作用して特定の方向へと分化を 促す胚の領域。

◆中胚葉誘導のしくみ

19＿＿＿＿＿＿＿ :予定内胚葉が接している予定外胚葉を中胚葉に誘導すること。

中胚葉誘導は,予定内胚葉に存在する 20＿＿＿＿＿＿＿＿＿の作用によって起こる。

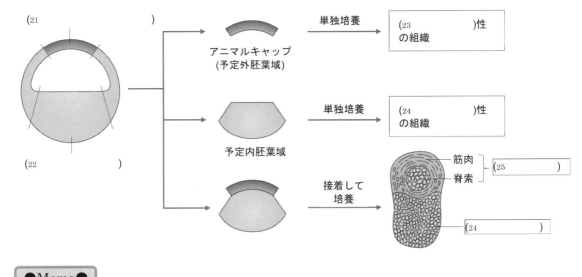

(21＿＿＿＿＿)

(22＿＿＿＿＿)

アニマルキャップ (予定外胚葉域) → 単独培養 → (23＿＿＿＿)性 の組織

予定内胚葉域 → 単独培養 → (24＿＿＿＿)性 の組織

→ 接着して 培養 → 筋肉 脊索 (25＿＿＿＿＿) (24＿＿＿＿＿)

●Memo●

◆神経誘導のしくみ

26＿＿＿＿＿＿＿＿：外胚葉から神経が誘導されること。

27＿＿＿＿＿＿：胞胚期の胚で分泌される，外胚葉の細胞を表皮に分化させるタンパク質。

一方，28＿＿＿＿＿＿である原口背唇部からは，BMP と受容体の結合を阻害するタンパク質が分泌される。

(a)阻害物質が存在しない場合

アニマルキャップの細胞の受容体に 27＿＿＿＿＿＿が結合。

→29＿＿＿＿＿＿の分化を起こす遺伝子が発現。

(b)阻害物質が存在する場合

形成体がタンパク質のノギン，コーディンを分泌。

→ノギン，コーディンが，受容体と 27＿＿＿＿＿＿の結合を阻害。

　→29＿＿＿＿＿＿の分化が阻害され，細胞は 30＿＿＿＿＿＿に分化する。

(a)阻害物質が存在しない場合
BMP が受容体に結合した細胞では，表皮の分化を起こす遺伝子が発現し，表皮になる。

(b)阻害物質が存在する場合
BMP にノギンやコーディンが結合すると，BMP は受容体に結合できず，細胞は神経に分化する。

Q 細胞はどのようにして分化するのだろうか？

ある細胞が，近くにある別の細胞の分化の方向を決める現象を 31＿＿＿＿＿＿という。

誘導の作用をもつ胚の領域は形成体（32＿＿＿＿＿＿＿＿＿＿）とよばれる。

◤ C ◢ 器官はどのようにして形成されるのだろうか？

からだの複雑な構造や器官は，胚の各部が連鎖的な誘導によって順序よく 33＿＿＿＿＿＿＿すること

で形成されていく。

《眼の形成》

① 脳の一部が左右に突き出し 34＿＿＿＿＿＿になる。

② 34＿＿＿＿＿＿の中央がくぼみ 35＿＿＿＿＿＿になる。

③ 35＿＿＿＿＿＿は接した表皮を 36＿＿＿＿＿＿＿に誘導する。

④ 36＿＿＿＿＿＿＿は残りの表皮を 37＿＿＿＿＿＿に誘導し，眼ができる。

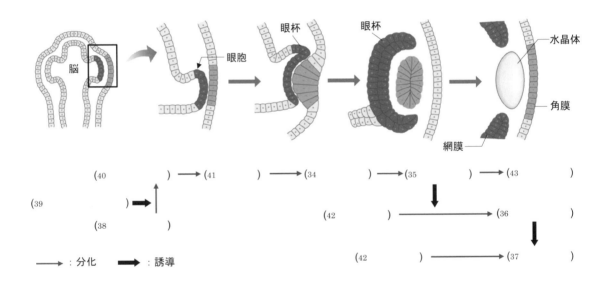

(40　　　　)　→　(41　　　)　→　(34　　　)　→　(35　　　)　→　(43　　　　)

(39　　　)　➡

(38　　　　)

(42　　　)　→　(36　　　　)

(42　　　)　→　(37　　　　)

——→：分化　　➡：誘導

問 14　中胚葉誘導について，次のキーワードを用いて説明しなさい。

（予定外胚葉，形成体，誘導）

4 形態形成と遺伝子の発現調節 p.148〜150

月　　日

検印欄

�▼ A ▼ 形態形成にはどのような遺伝子が働いているのだろうか？

◆ショウジョウバエの発生

ショウジョウバエの卵は，卵黄が卵の中央に分布する 1＿＿＿＿＿＿＿＿であり，卵割様式は，卵の表

面が分裂する 2＿＿＿＿＿＿である。

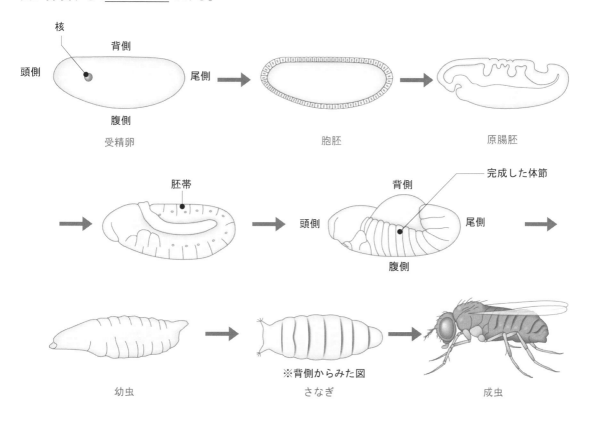

受精卵　　　　　　　　胞胚　　　　　　　　原腸胚

幼虫　　　　　　　　さなぎ　　　　　　　　成虫

●Memo●

◆体節形成のしくみ

ショウジョウバエの体節は，母性因子の濃度に従い，4つの調節遺伝子群が段階的に

3＿＿＿＿＿＿＿することで調節される

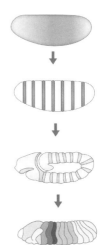

・　　頭尾軸の決定後，4＿＿＿＿＿＿＿＿遺伝子群が発現。

　　　→胚は5つの領域にわかれる。

・　　5＿＿＿＿＿＿＿＿遺伝子群が7本のしまとして発現。

・　　6＿＿＿＿＿＿＿＿＿＿＿遺伝子群が発現。

　　　→体節の 7＿＿＿＿区分が決定。

・　　8＿＿＿＿＿＿＿＿＿＿遺伝子群が発現。

　　　→体節の特徴づけを行う。

9＿＿＿＿＿＿＿＿＿＿遺伝子群：ショウジョウバエの頭部や胸部の特徴づけに関与する。

10＿＿＿＿＿＿＿＿＿遺伝子群：胸部や腹部の特徴づけに関与する。

→これらの遺伝子に突然変異が起きると，正しい位置に触角や肢が形成されない

11＿＿＿＿＿＿＿＿＿が生じる。

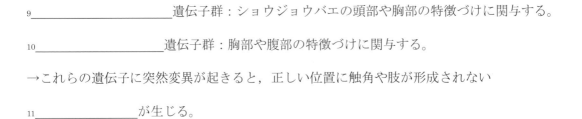

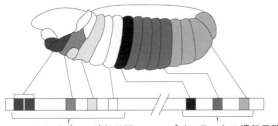

アンテナペディア遺伝子群　　　バイソラックス遺伝子群

Q 　形態形成にはどのような遺伝子が働いているのだろうか？

ショウジョウバエでは，12＿＿＿＿＿＿遺伝子，ペアルール遺伝子，セグメントポ

ラリティ遺伝子の発現によって体節の 13＿＿＿＿区分がほぼ決定する。その後，

14＿＿＿＿＿＿＿＿＿遺伝子群の働きにより，触角や眼，肢などの器官が，どの体

節からつくられるかが決められる。

B ホメオティック遺伝子とはどのような遺伝子だろうか?

◆Hox 遺伝子群

- 15_____ : すべての 16_____遺伝子群に含まれる塩基配列。

  17_____とよばれる，60個のアミノ酸の部分を指定している。

- 16_____遺伝子群の染色体上での並び方は，その遺伝子が必要とされる体節

  の前後軸に沿った順序とほぼ一致。

  類似した遺伝子群は脊椎動物でも発見されており，18_____とよばれる。

ショウジョウバエの
(16   )
遺伝子群

前部 ◄————————► 後部

| A1 | A2 | A3 | A4 | A5 | A6 | A7 | | A9 | A10 | A11 | | A13 |

哺乳類の
(18   )

B1	B2	B3	B4	B5	B6	B7	B8	B9				B13
			C4	C5	C6		C8	C9	C10	C11	C12	C13
D1		D3	D4				D8	D9	D10	D11	D12	D13

Q ホメオティック遺伝子とはどのような遺伝子だろうか?

- ホメオティック遺伝子群は，いずれも 19_____とよばれる塩基配列を
  含む。

- ホメオティック遺伝子群の染色体上での並び方は，遺伝子が必要とされる体節の前後
  軸に沿った順序とほぼ一致している。類似した遺伝子群は脊椎動物でも発見されてお
  り，この遺伝子群は 20_____とよばれる

1 バイオテクノロジー p.152〜161

月　日

検印欄

■ A ■ 遺伝子を扱う技術

1_____：遺伝子や細胞などを操作する技術。

◆遺伝子組換え

2_____：ある生物の遺伝子を人工的に取り出し，それを別の生物に導入すること。

例：・3_____などのホルモン，4_____などの医薬品の生産。

　　・植物に遺伝子を導入して 5_____に対する抵抗性をもたせる。

6_____：組換え DNA が導入された生物。

7_____：DNA の特定の塩基配列を認識して切断する酵素。はさみの役割。

8_____：切断した DNA の部位を別の切断部位につなぐ酵素。のりの役割。

9_____：10_____やウイルスの DNA など，目的の遺伝子を組み込み，特定

　　の細胞へ運び込むための小型の DNA。

プラスミドは，細菌などに存在する小型の環状 DNA。細菌自身のゲノム DNA とは 11_____に

複製される。

大腸菌の DNA　プラスミド

核

大腸菌　大腸菌からプラスミド
を取り出す

細胞

目的の遺伝子を含んだ
DNA を取り出す

制限酵素で特定の
塩基配列を切断する

目的の遺伝子　制限酵素で目的の
遺伝子を取り出す

切り出された DNA 断片と
プラスミドを，DNA リガ
ーゼを用いて結合する

組換えプラスミドを
大腸菌に導入する

増殖

大腸菌を増殖させることで，
目的の遺伝子を増やすこと
ができる。

◆ゲノム編集

12＿＿＿＿＿＿＿＿＿：部位特異的に働く RNA 分子と DNA 分解酵素を使って，望む DNA 配列に

突然変異を導入する技術。

ゲノム編集

芽の毒素をつくる遺伝子

ジャガイモの DNA

酵素で切断

芽に毒素をつくらないジャガイモを作成できる。

収量にかかわる遺伝子

イネの DNA

酵素で切断

別の遺伝子を導入して収量の多いイネを作成できる。

これまでの遺伝子組換え

別の生物の遺伝子

どこに挿入されるかわからないことが多い。

問 15 遺伝子組換えとはどのような技術か，次のキーワードを用いて説明しなさい。

（遺伝子，制限酵素，ベクター）

●Memo●

137

◣ B ◢ DNA を増やす技術─PCR 法─

13＿＿＿＿＿＿(14＿＿＿＿＿＿＿＿＿＿＿＿＿＿＿＿＿)法：微量の DNA を大量に増やす方法。

→ 遺伝子組換え, 15＿＿＿＿＿＿＿＿＿, 16＿＿＿＿＿＿＿解析を行うときには欠かせない方法である。

〈溶液〉増やしたい DNA（鋳型），増幅したい領域の両端に相補的な

　　　　2 種類の短い 1 本鎖 DNA(17＿＿＿＿＿＿＿＿＿＿),

18＿＿＿＿＿＿＿＿＿＿＿＿＿＿＿＿，4 種類のヌクレオチドなどの混合液。

① 溶液を 19＿＿＿＿＿℃に加熱する。

→ 2 本鎖の DNA が解離して 1 本鎖 DNA になる。

② 20＿＿＿＿＿＿＿℃に温度を下げる。

→ 増幅したい領域の両端に 17＿＿＿＿＿＿＿＿＿が結合する(アニーリング)。

→ DNA の複製が始まる。

③ 21＿＿＿＿＿℃に温度を上げる。

→ 17＿＿＿＿＿＿＿＿に続いて，DNA ポリメラーゼの働きで，1 本鎖 DNA に相補的な塩基をも

つ 22＿＿＿＿＿＿＿＿＿が次々に結合していく。

①～③の過程を 20 回から 30 回繰り返すと，目的とする DNA を数時間で大量に増やすことがで

きる。

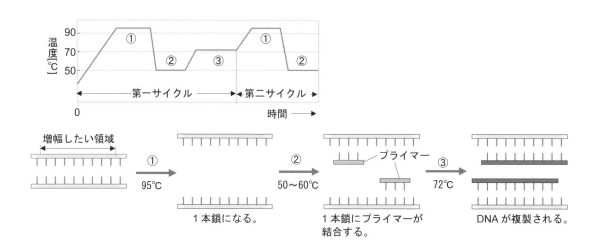

◤ C ◥ DNA の長さを調べる技術—電気泳動法—

・　DNA 断片の長さ(塩基数)を確認するには 23＿＿＿＿＿＿＿＿法を用いる。

・　DNA は 24＿＿＿＿＿の電荷を帯びている。

→ アガロースゲルの中にサンプルの DNA を入れて通電すると，DNA は 25＿＿＿＿極から

26＿＿＿＿極へと移動する。

・　27＿＿＿＿＿DNA 断片ほど移動が遅く，28＿＿＿＿＿DNA 断片ほど速く移動する。

→ 29＿＿＿＿＿DNA 断片ほど同じ時間で遠くまで移動する。

・塩基対数のわかっている DNA 断片を同時に電気泳動することで，調べたい DNA 断片の塩基

　対数を推定できる。

●Memo●

▰ D ▰ DNA の塩基配列を調べる方法

◆ジデオキシ法

① 塩基配列を調べたい DNA，1 種類の 30＿＿＿＿＿＿＿＿＿＿＿，31＿＿＿＿＿＿＿＿＿＿＿＿＿＿，
4 種類のヌクレオチド，4 種類の特殊なヌクレオチドなどを入れた溶液を用意する。

② 溶液を加熱し，DNA を 2 本の 32＿＿＿＿＿＿＿＿＿＿＿（1 本鎖 DNA）に解離させる。

③ 一方のヌクレオチド鎖を鋳型として，30＿＿＿＿＿＿＿＿＿を結合させ，相補的な DNA 鎖を合成させる。

④ 特殊なヌクレオチドが結合したところで伸長が停止する。

⑤ 電気泳動をして，そのパターンから塩基配列を解析する。

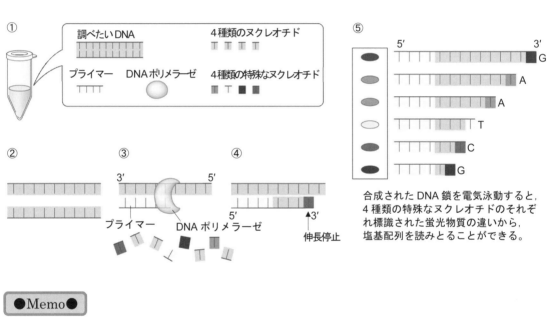

合成された DNA 鎖を電気泳動すると，
4 種類の特殊なヌクレオチドのそれぞ
れ標識された蛍光物質の違いから，
塩基配列を読みとることができる。

●Memo●

◢ E ◣ その他の技術

◆33＿＿＿＿＿＿＿＿＿＿＿＿＿＿＿解析

DNAマイクロアレイ：1枚のプラスチックなどの基板上の各スポットに, 塩基配列のわかっている多種類の 34＿＿＿＿＿＿＿＿＿を1種類ずつ貼り付けたもの。

組織から取り出したmRNAと反応させることで, 細胞内で, どの遺伝子が 35＿＿＿＿＿＿＿している

かを調べる方法。

例：がん細胞と正常細胞で発現している遺伝子を比較する。

→ がんの原因遺伝子を特定する研究に利用されている。

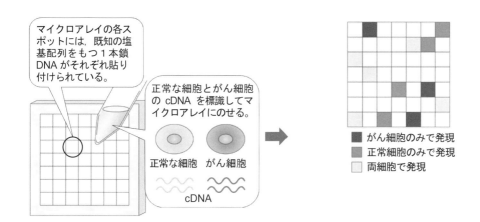

◆ノックアウトマウス

ある遺伝子の壊れたマウスをつくることで, 注目する遺伝子の働きを調べることができる。

① 壊れた遺伝子とその周辺の塩基配列をもつベクターを ES 細胞に導入する。

② 組換えが起こり, ES 細胞がもつ遺伝子が, 壊れたものと置き換わる。

③ この細胞をマウス胚に入れて発生させると, マウス成体の卵・精子の一部に遺伝子の壊れたゲノムをもつマウス(キメラマウス)ができる。

④ このマウスを交配させる操作を繰り返すことで, 最終的にはからだ全体の遺伝子が壊れたマウス (36＿＿＿＿＿＿＿＿＿＿＿＿＿＿＿＿) を得ることができる。

◆レポーター遺伝子

遺伝子導入個体とそうでない個体を判別するためにベクターに組み込まれた目印の遺伝子。

例：

- lacZ 遺伝子(X-gal という物質を使うことで青色になる)。

- オワンクラゲの緑色蛍光タンパク質（37＿＿＿＿＿＿＿）遺伝子。

●Memo●

2 バイオテクノロジーの応用 p.162~166

月　　日　　検印欄

A 医療への応用

◆遺伝子治療

遺伝子に突然変異が起こり，タンパク質が正常につくられない疾患に対して，正常な遺伝子を挿入した 1＿＿＿＿＿＿＿を患者の組織内に導入する治療法。

利用例：ADA(アデノシンデアミナーゼ)欠損症の治療

遺伝子治療

ADA 欠損症の遺伝子治療

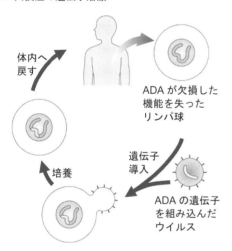

体内へ戻す

ADA が欠損した機能を失ったリンパ球

培養

遺伝子導入

ADA の遺伝子を組み込んだウイルス

オーダーメイド医療

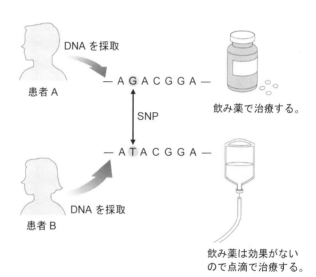

DNA を採取

患者 A

— A G A C G G A —

SNP

— A T A C G G A —

DNA を採取

患者 B

飲み薬で治療する。

飲み薬は効果がないので点滴で治療する。

◆医薬品の製造

遺伝子組換えを利用して，大腸菌でヒトの 2＿＿＿＿＿＿＿＿　, 3＿＿＿＿＿＿＿＿,

4＿＿＿＿＿＿＿＿＿＿＿＿など多くの医療品がつくられるようになった。

◆オーダーメイド医療

5＿＿＿＿＿＿(6＿＿＿＿＿＿＿＿)など，ゲノムの個人差を調べて個人の体質に合った病気の治療や予防をすること。

◆幹細胞による再生医療と病態・創薬研究

7____________：さまざまな種類の細胞に分化できる多分化能をもち，増殖も可能な細胞。

8____________：胞胚の 9____________からつくられた幹細胞。

10____________：すでに分化した細胞に，ある遺伝子を導入することによってつくられた幹細胞。

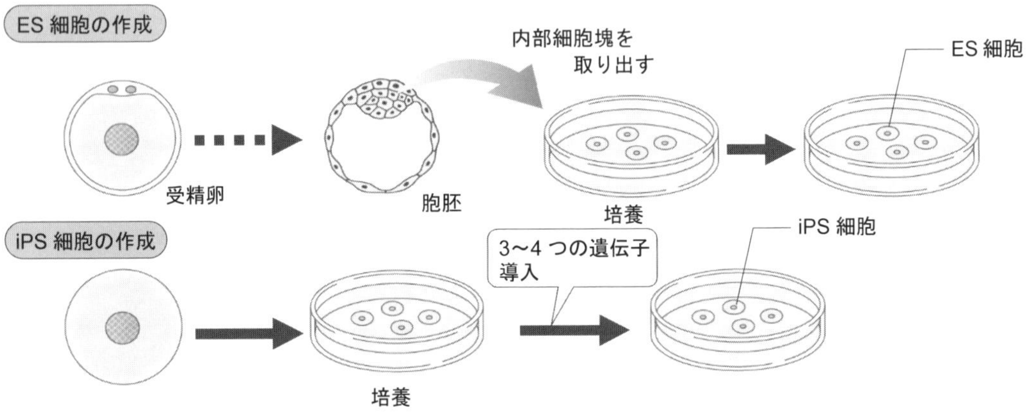

B 食料・農業への応用

◆遺伝子組換え作物

11____________：作物や観賞植物を改良するために，遺伝子導入が行われた植物。

12____________法：土壌中に生息する 12____________という細菌のプラスミドをベクターとして，外来遺伝子を植物に導入する方法。

13____________作物：遺伝子を導入した作物。病気にかかりにくい，害虫に強い，除草剤に耐性があるといった特徴をもつものがつくられている。

例…ダイズ，トマト，トウモロコシなどがある。

●Memo●

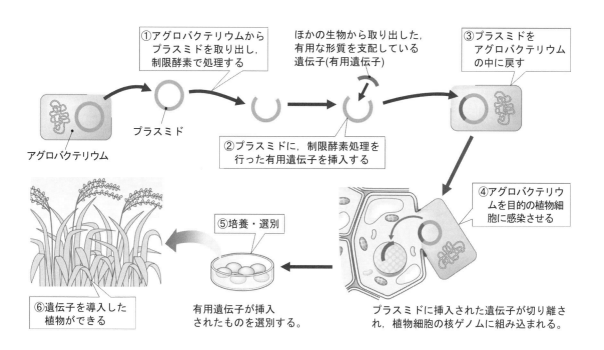

①アグロバクテリウムから
プラスミドを取り出し，
制限酵素で処理する

ほかの生物から取り出した，
有用な形質を支配している
遺伝子(有用遺伝子)

③プラスミドを
アグロバクテリウム
の中に戻す

プラスミド

アグロバクテリウム

②プラスミドに，制限酵素処理を
行った有用遺伝子を挿入する

④アグロバクテリウ
ムを目的の植物細
胞に感染させる

⑤培養・選別

⑥遺伝子を導入した
植物ができる

有用遺伝子が挿入
されたものを選別する。

プラスミドに挿入された遺伝子が切り離さ
れ，植物細胞の核ゲノムに組み込まれる。

◆14＿＿＿＿＿＿＿＿＿＿食品

指定した塩基配列部分を切断するゲノム編集の技術を用いて，ゲノム上のねらった遺伝子だけを

改変してつくられる。

●Memo●

◤ C ◢ その他の技術の応用例

◆18_____

個人や個体を識別するために DNA を分析すること。

真核生物のゲノムには，19_____が数多く存在する。

→ 転写されない。

→ 生理的な役割は不明。

→ 個体差がある：20_____からの DNA と 21_____からの DNA で反復回数が異なる。

19_____を複数箇所比べる。

→ 個体間において反復回数が完全に一致する可能性はきわめて低い。

→ 親子などの血縁鑑定，犯罪捜査，食品表示の偽装調査などに利用。

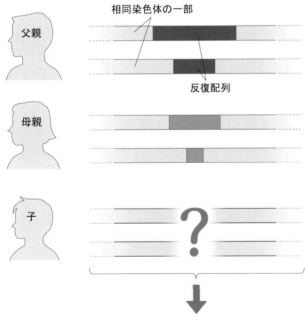

相同染色体の一部

父親

反復配列

母親

子

?

反復配列を PCR 法で増殖し，
電気泳動法によってその DNA 断片
を分離する。

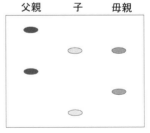

血縁鑑定の結果

父親　　子　　母親

子の DNA 断片の長さは，父親と母親の
DNA 断片の長さと一致
⇨子と父親，母親に血縁関係あり

父親　　子　　母親

子の DNA 断片の長さは，母親とのみ一致
⇨子と父親に血縁関係なし

◤ D ◢ バイオテクノロジーの課題

バイオテクノロジーの課題を考えてみよう。

遺伝情報の取り扱い，遺伝子組換え作物などの人体への影響などが挙げられるが，バイオテクノロジーに関する正確な情報を得てそれを正しく判断できることが必要となる。また，そのためには，国際的な法律の整備も重要である。

●Memo●

1　刺激の受容　p.172〜177

月　　日

検印欄

▶ A ◀　動物が刺激に対して反応できるのはなぜだろうか？

・1＿＿＿＿＿：環境からの刺激（光・音・化学物質など）を生物が受け取ること。

・2＿＿＿＿＿：さまざまな種類の刺激の受容に対応した器官（眼・耳・鼻など）。このうち，最初に刺激を受け取り，反応する細胞あるいは細胞の特定部位を 3＿＿＿＿＿という。

・4＿＿＿＿＿：5＿＿＿＿＿による外界への働きかけ。

Q　動物が刺激に対して反応できるのはなぜだろうか？

環境からの刺激を受容する器官である 6＿＿＿＿＿，刺激の情報を処理する中枢神経系をもち，ニューロンを介して刺激に対して適切な指令を 7＿＿＿＿＿に伝えることができるから。

▶ B ◀　さまざまな受容器はどのような刺激を受容しているか？

・8＿＿＿＿＿：それぞれの感覚器が受容できる特定の刺激。

・9＿＿＿＿＿（感覚細胞）：感覚器に存在し，刺激の受容を担う細胞。

Q　さまざまな受容器はどのような刺激を受容しているか？

それぞれの感覚器（受容器）には 10＿＿＿＿＿がある。感覚には，ものの形や色をとらえる 11＿＿＿＿＿や，音を聞き取る 12＿＿＿＿＿，化学物質を適刺激とする嗅覚・味覚，地磁気や電気，超音波などに対する感覚などがある。

●Memo●

▰ C ▰ 視覚はどのようなしくみで発生するのだろうか？

ヒトの眼の場合，光は角膜→瞳孔→水晶体→ガラス体を通って網膜に達する。

○13＿＿＿＿＿＿＿：網膜に存在する光の受容細胞。光刺激の情報を電気的信号に変換する。信号は，

14＿＿＿＿＿＿＿を経て脳に伝えられる。

・15＿＿＿＿＿＿＿：光に対する感度は低いが色の識別に関与する。

・16＿＿＿＿＿＿＿：光に対する感度は高いが色の識別には関与しない。

○17＿＿＿＿＿：網膜で光が集中する部位。15＿＿＿＿＿＿＿が密集する。

○18＿＿＿＿＿：網膜に存在する視神経細胞の軸索が束となり，眼球の外部に出る部位。

　　　　　視細胞が存在しない。

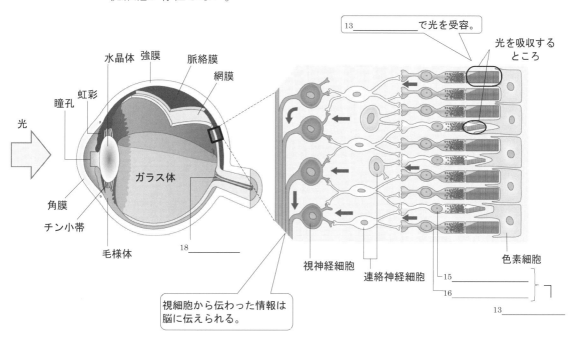

13＿＿＿＿＿＿＿で光を受容。

光を吸収するところ

視細胞から伝わった情報は脳に伝えられる。

水晶体　強膜　脈絡膜　網膜　虹彩　瞳孔　光　角膜　チン小帯　毛様体　ガラス体　18＿＿＿＿＿

視神経細胞　連絡神経細胞　15＿＿＿＿　16＿＿＿＿　13＿＿＿＿＿＿　色素細胞

◆視細胞

錐体細胞と桿体細胞の内部には視色素（視物質）が含まれ，光を吸収できる。

・19＿＿＿＿＿＿＿＿＿：錐体細胞に含まれる視色素。赤錐体細胞，緑錐体細胞，青錐体細胞には

それぞれ異なる 19＿＿＿＿＿＿＿＿＿が含まれる。

・20＿＿＿＿＿＿＿＿：桿体細胞に含まれる視色素。オプシン（タンパク質）とレチナール（ビタ

ミンＡの一種）が結合した物質。

◆光受容のしくみ

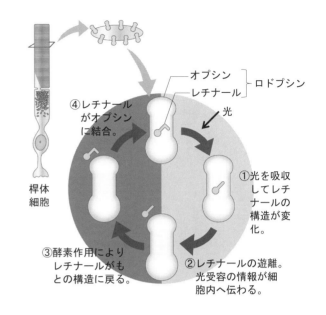

≪明所≫

桿体細胞内のロドプシンが光を吸収する。

21＿＿＿＿＿＿＿＿＿の構造の変化・オプシンからの遊離により，光受容の情報が桿体細胞内に伝わる。

≪暗所≫

レチナールの構造がもとに戻り，オプシンと結合して 20＿＿＿＿＿＿＿＿＿を形成する。

◆明順応と暗順応

・22＿＿＿＿＿＿：明るい部屋を急に暗くすると最初は何も見えないが，しだいに物の輪郭がわかるようになるように，眼が暗さに対応すること。

…暗所で桿体細胞の 20＿＿＿＿＿＿＿＿＿が蓄積されて光に対する感度が上昇するため。

・23＿＿＿＿＿＿：暗い部屋を急に明るくすると初めはまぶしいが，しだいに物の形や色が鮮明になるように，眼が明るさに対応すること。

…明所で 20＿＿＿＿＿＿＿＿＿が急激に分解されるためまぶしく感じる。明所で錐体細胞が活発に働き，鮮明に像が見えるようになる。

問 16 明順応のしくみについて，次のキーワードを用いて説明しなさい。

（錐体細胞，桿体細胞，ロドプシン）

◆光量調節

　網膜に達する光量は，虹彩の働きにより

24＿＿＿＿＿＿の直径が変化することで調節

される。

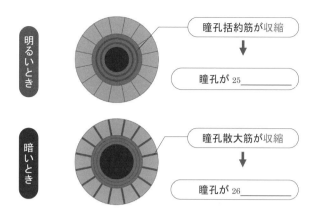

明るいとき　瞳孔括約筋が収縮　→　瞳孔が 25＿＿＿＿＿＿

暗いとき　瞳孔散大筋が収縮　→　瞳孔が 26＿＿＿＿＿＿

◆遠近調節

　ヒトの眼では，物体との距離に応じて 27＿＿＿＿＿＿＿の厚さをかえることで焦点の位置を調節

し，網膜上にピントが合うようになっている。

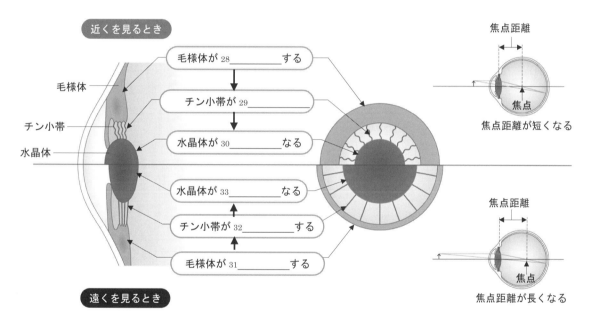

近くを見るとき

毛様体が 28＿＿＿＿＿＿する

チン小帯が 29＿＿＿＿＿＿

水晶体が 30＿＿＿＿＿＿なる

水晶体が 33＿＿＿＿＿＿なる

チン小帯が 32＿＿＿＿＿＿する

毛様体が 31＿＿＿＿＿＿する

毛様体
チン小帯
水晶体

遠くを見るとき

焦点距離
焦点
焦点距離が短くなる

焦点距離
焦点
焦点距離が長くなる

Q　視覚はどのようなしくみで発生するのだろうか？

　ヒトの網膜には，視細胞として 34＿＿＿＿＿＿細胞と 35＿＿＿＿＿＿細胞があり，光刺激

の情報を 36＿＿＿＿＿＿信号へと変換する。信号は，37＿＿＿＿＿＿を経て脳に伝え

られ，脳内で視覚が生じる。

2 ニューロンと興奮 p.178～184

月　　日

検印欄

▶ A ◀ ニューロンとはどのような細胞だろうか?

・₁＿＿＿＿＿＿＿＿＿（神経細胞）：離れた器官どうしの情報伝達を担う特殊な細胞で，受容器か

ら情報を受け取ると電気的な信号が発生し，これを情報として別のニューロンや効果器に伝え

る。

◆ニューロンの種類

・₂＿＿＿＿＿＿＿ニューロン：受容細胞が受け取った刺激の情報を中枢へ伝えるニューロン。

・₃＿＿＿＿＿＿＿ニューロン：脳や脊髄からの指令を効果器である筋肉に伝えるニューロン。

・₄＿＿＿＿＿＿＿ニューロン：脳や脊髄などの中枢神経系を構成するニューロン。

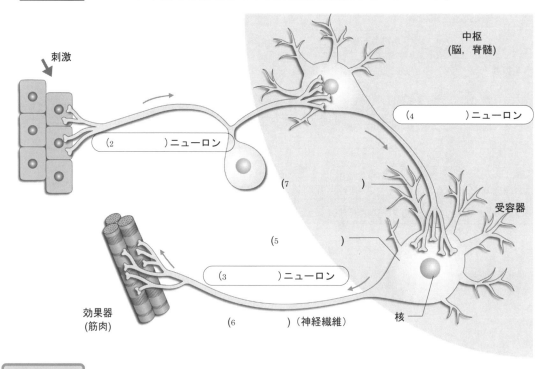

刺激

中枢
(脳，脊髄)

（4　　　　）ニューロン

（2　　　　）ニューロン

（7　　　　　　）

受容器

（5　　　　　）

（3　　　　）ニューロン

効果器
(筋肉)

（6　　　　　　）（神経繊維）

核

●Memo●

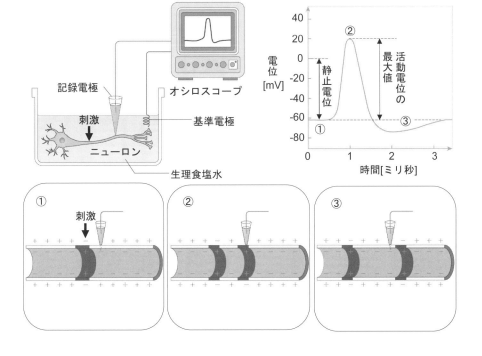

Q ニューロンとはどのような細胞だろうか？

- 核をもった 8＿＿＿＿＿＿と，多数の突起から構成され，突起のうち長く伸びたものを 9＿＿＿＿＿（神経繊維），短く枝分かれの多いものを 10＿＿＿＿＿＿という。
- ニューロンは離れた器官どうしの情報伝達を担う特殊な細胞で，電気的な信号によって，受容器で受容した刺激の情報を 11＿＿＿＿＿に伝えたり，中枢からの指令を効果器に伝えたりする。

B ニューロンで電気信号はどのように発生するのだろうか？

◆静止電位と活動電位

- 12＿＿＿＿＿＿：生きている細胞に存在する，細胞膜を境とした細胞内外の電位差。

- 13＿＿＿＿＿＿：細胞が刺激されていないとき（静止時）の膜電位。内部が負（マイナス），外部が正（プラス）に保たれている。

- 14＿＿＿＿＿＿：ニューロンを一定以上の強さで刺激をした際に起こる膜電位の変化で，細胞内外の電位が逆転する。14＿＿＿＿＿＿が発生することを 15＿＿＿＿＿という。

◆静止電位と活動電位の発生のしくみ

ニューロンにおける静止電位と活動電位は，Na^+や K^+などのイオンが細胞内外を移動することで発生する。

①【静止状態】16_____の働きで細胞外に Na^+が排出され，細胞内に K^+が取り込まれる。つねに開いている 17_____から K^+が細胞外に流出することで，細胞内に 18_____の電位が発生する。

②【刺激の受容】刺激によって膜電位が変化する。電位変化に依存して 19_____が開き，細胞内へ Na^+が流入し，細胞内に 20_____の電位が発生する。

③細胞内の電位が大きくなるにつれ 19_____が閉じる。

④電位依存性の 17_____が遅れて開き，細胞外に K^+が流出することで細胞内の電位が 18_____に向かう。

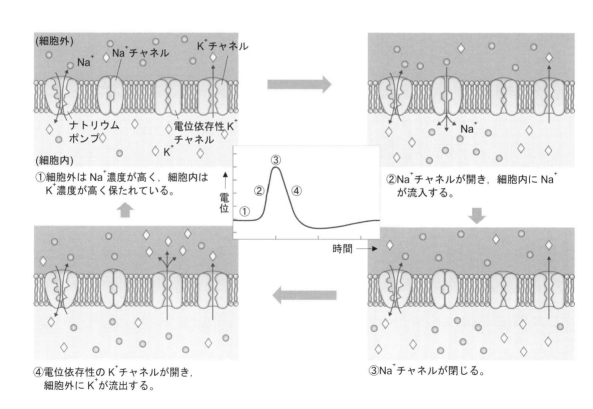

(細胞外) Na⁺ チャネル   K⁺ チャネル
Na⁺   Na⁺チャネル
ナトリウム   電位依存性K⁺
ポンプ   チャネル
(細胞内)   K⁺
①細胞外は Na^+濃度が高く，細胞内は K^+濃度が高く保たれている。

②Na^+チャネルが開き，細胞内に Na^+が流入する。

電位   ③ ② ④ ①
時間

④電位依存性の K^+チャネルが開き，細胞外に K^+が流出する。

③Na^+チャネルが閉じる。

◆刺激の強さと興奮

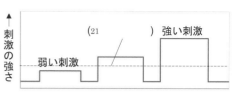

- 21＿＿＿＿＿＿＿：ニューロンが興奮するときの最小の刺激の強さ。

- 22＿＿＿＿＿＿＿＿＿＿＿：神経がもつ，閾値に達しない大きさの刺激では興奮せず，閾値以上の刺激の場合，刺激の大きさにかかわらず興奮の大きさは一定になる性質。

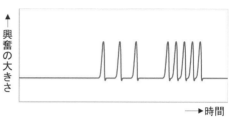

閾値以上の刺激を与えた場合，1本のニューロンが受けた刺激の強弱は，活動電位の

23＿＿＿＿＿＿＿として大脳に伝えられる。

実際の神経では，閾値の異なるニューロンが束になっているので，刺激の強弱は興奮するニューロンの数の違いによっても伝えられる。

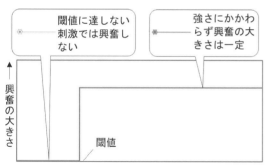

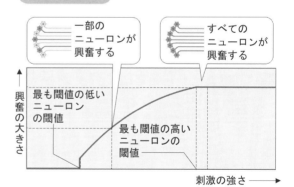

Q ニューロンで電気信号はどのように発生するのだろうか？

ニューロンが刺激を受けると 24＿＿＿＿＿＿＿が変化する。

この電位変化に依存してナトリウムチャネルが開き，細胞内に 25＿＿＿＿＿が急速に流入し，大きなプラスの電位が発生する。遅れて電位依存性のカリウムチャネルが開き，細胞外に 26＿＿＿＿＿が流出することで，細胞内の電位が急激にマイナスに向かい，その後，電位依存性のカリウムチャネルも閉じて静止電位へと戻る。

このような一連の電位変化を 27＿＿＿＿＿＿＿という。

▰ C ▰ 興奮はどのようにニューロンを伝わるのだろうか？

- 28_____：興奮が軸索に沿って伝わること。

- 29_____：興奮が別の細胞に伝わること。

◆興奮の伝導

- 30_____：ニューロンの軸索に活動電位が生じた際に，この興奮部と隣接する静止部との間に生じる微弱な電流。

興奮を終えたばかりの部位は，短期間，電気的な刺激に反応しにくくなり，このような状態になる期間を 31_____という。

教科書 p.182 図 19 を参考に，下図に膜電位を表す＋，－と活動電流を表す矢印を書き込んでみよう。

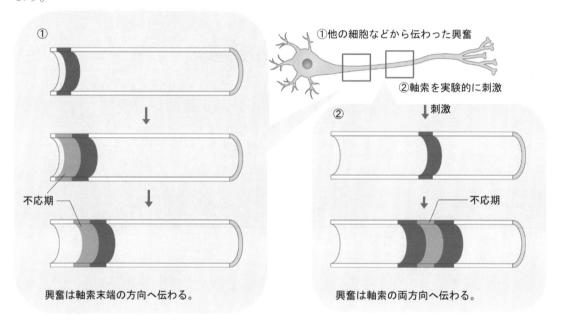

興奮は軸索末端の方向へ伝わる。　　　　　　興奮は軸索の両方向へ伝わる。

●Memo●

....

....

....

....

【有髄神経繊維と無髄神経繊維】

・32＿＿＿＿＿＿＿＿＿＿＿：ニューロンのまわりに存在する，栄養分の供給などを行いニューロンの機

　能を助ける細胞。

・33＿＿＿＿＿＿＿＿：軸索を包む薄い膜で，薄いグリア細胞が軸索にまとわりついたもの。

・34＿＿＿＿＿＿：グリア細胞が軸索に層状に巻き付いた構造。34＿＿＿＿＿＿をもつニューロンを

　35＿＿＿＿＿＿神経繊維，もたないものを 36＿＿＿＿＿＿神経繊維という。

(35　　　)神経繊維　　　　　(36　　　　)神経繊維

軸索

毛細血管

グリア細胞

核　　シュワン細胞
　　（グリア細胞の一種）

核

神経細胞

オリゴデンドロサイト
（グリア細胞の一種）

神経鞘　　　　軸索

(37

)

【伝導の速度】

・38＿＿＿＿＿＿＿＿＿＿：有髄神経繊維で起こるすばや

　い伝導。興奮が 37＿＿＿＿＿＿＿＿＿＿＿で飛び飛び

　に起こる。

髄鞘　　活動電流

不応期

●Memo●

157

問 **17** 有髄神経繊維における伝導のしくみを，次のキーワードを用いて説明しなさい。

（ランビエ絞輪，髄鞘，跳躍伝導）

```
┌─────────────────────────────────────────────────┐
│                                                 │
│                                                 │
│                                                 │
│                                                 │
│                                                 │
│                                                 │
└─────────────────────────────────────────────────┘
```

◆興奮の伝達

ニューロンはほかのニューロンや受容器・効果器の細胞とすきまをおいて接続しており，この部分を 39＿＿＿＿＿＿＿という。

①興奮が軸索末端まで伝わると，電位依存性カルシウムチャネルが開き，Ca^{2+} が流入。

②軸索末端のシナプス小胞から

40＿＿＿＿＿＿＿＿＿が分泌される。

③神経伝達物質がシナプス後細胞の神経伝達物質依存性イオンチャネルに結合してこれを開口し，特定のイオンが細胞内に流入して膜電位が変化する。

シナプス前細胞　シナプス後細胞　シナプス間隙　神経伝達物質依存性イオンチャネル　神経伝達物質　電位依存性カルシウムチャネル　興奮　Ca^{2+}　Na^+　興奮

【興奮性シナプスと抑制性シナプス】

・41＿＿＿＿＿＿＿＿＿：アセチルコリンやノルアドレナリンが分泌される。シナプス後細胞に Na^+ が流入し，活動電位が生じやすくなる。このときのシナプス後細胞での電位変化を

42＿＿＿＿＿＿＿＿＿＿（43＿＿＿＿）という。

・44＿＿＿＿＿＿＿＿＿：γ－アミノ酪酸（GABA）などが分泌される。シナプス後細胞に Cl^- が流入し，活動電位が生じにくくなる。このときのシナプス後細胞での電位変化を

45＿＿＿＿＿＿＿＿＿＿（46＿＿＿＿）という。

Q 興奮はどのようにニューロンを伝わるのだろうか？

・ 興奮は, 47＿＿＿＿＿＿＿が発生した興奮部と隣接する静止部との間に活動電流が発生し, この電流が新しい刺激となり, 興奮部の隣接部で新たな活動電位が生じることで伝わり, 興奮が軸索に沿って伝わることを 48＿＿＿＿＿という。

・ 一方, 興奮が別の細胞に伝わることを伝達という。49＿＿＿＿＿＿＿では, 軸索末端まで伝わった興奮が化学的な信号に置き換えられる。シナプス間隙に放出された 50＿＿＿＿＿＿＿＿によってシナプス後細胞の細胞膜の膜電位が変化することで興奮が伝わる。

●Memo●

159

3 神経系の働き p.185～189

月　　　日

検印欄

▶ A ◀ ニューロンは生体内にどのように分布しているのだろうか？

・1＿＿＿＿＿＿＿＿：機能的なつながりをもったニューロンと，そのまわりのグリア細胞の集まり。

◆神経系の種類

・2＿＿＿＿＿＿＿＿＿：ニューロンがからだ全体に網目状に分布。例：ヒドラ，クラゲなど。

・3＿＿＿＿＿＿＿＿＿：多数のニューロンの細胞体や神経繊維が密に集まってつくられる 4＿＿＿＿＿

＿＿＿＿＿とよばれる節状の構造がみられる。

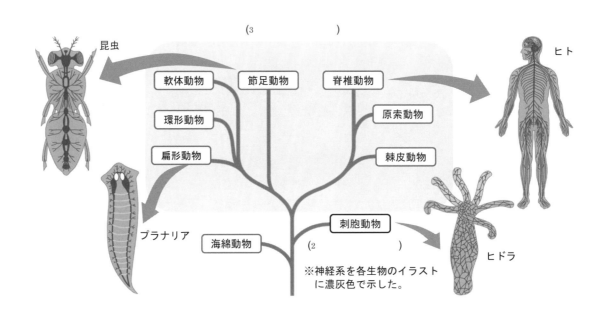

※神経系を各生物のイラストに濃灰色で示した。

Q ニューロンは生体内にどのように分布しているのだろうか？

・ 動物の神経系は，ニューロンがからだ全体に網目状に分布している

5＿＿＿＿＿＿＿神経系とからだの正中面で左右対称の形で集中的に分布している

6＿＿＿＿＿＿＿神経系に大きくわけられる。

・ 集中神経系には，多数のニューロンが密に集まってつくられる 7＿＿＿＿＿＿＿＿

がみられ，脊椎動物では，神経節に加えてさらにニューロンが集中している脳と

8＿＿＿＿＿＿＿が存在する。

B ヒトの神経系はどのような構造をしているのだろうか?

◆中枢神経系と末梢神経系

神経系に集中化がみられる場合，その集中の中心部を 9＿＿＿＿＿＿＿＿，周辺部を

10＿＿＿＿＿＿＿＿とよぶ。

```
                    ┌─ 脳
神経系 ┌─ 9_____┤
       │            └─ 脊髄
       │                              ┌─ 感覚神経
       │                              │
       └─ 10_____ ─┬─ 11_____ ─┤
                      │               └─ 12_____
                      │
                      └─ 13_____ ─┬─ 14_____
                                     │
                                     └─ 15_____
```

脳神経
左右で対になり，
全部で 12 対ある。

脳

中枢神経系

脊髄

末梢神経系

脊髄神経
31 対。
それぞれが多数
の運動神経と感
覚神経の混ざり
合った束ででき
ている。

人体を透視的にみた図

Q ヒトの神経系はどのような構造をしているのだろうか?

ヒトの神経系は脳と脊髄からなる 16＿＿＿＿＿神経系とそれ以外の 17＿＿＿＿＿神

経系にわけられる。末梢神経系は 18＿＿＿＿＿神経系と 19＿＿＿＿＿神経系にわけら

れ，さらに，体性神経系は 20＿＿＿＿＿神経と 21＿＿＿＿＿神経にわけられる。また，

自律神経系は 22＿＿＿＿＿神経と 23＿＿＿＿＿＿神経にわけられる。

◤ C 脳にはどのような構造や働きがあるのだろうか?

◆大脳の構造と機能

・24＿＿＿＿＿＿＿＿：大脳の外側の部分。灰白質とよばれ，ニューロンの細胞体が多数集まる。

大脳皮質 ─── 25＿＿＿＿＿＿＿…ヒトでは皮質の約90%を占める。
　　　　　├─ 原皮質 ┐
　　　　　└─ 古皮質 ┘ 26＿＿＿＿＿＿＿＿

・27＿＿＿＿＿＿＿＿：皮質に包まれた部分。白質とよばれ，軸索の経路となる。

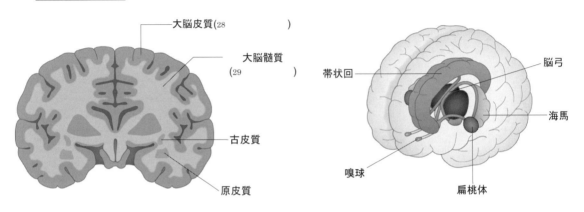

大脳皮質(28　　　　　)
大脳髄質(29　　　　　)
帯状回
脳弓
海馬
嗅球
扁桃体
古皮質
原皮質

◆大脳以外の脳の働き

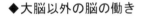

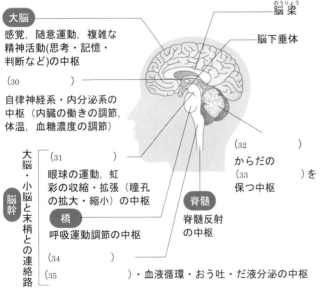

大脳
感覚，随意運動，複雑な精神活動(思考・記憶・判断など)の中枢

（30　　　　　）
自律神経系・内分泌系の中枢（内臓の働きの調節，体温，血糖濃度の調節）

大脳・小脳と末梢との連絡路

（31　　　　　）
眼球の運動，虹彩の収縮・拡張（瞳孔の拡大・縮小）の中枢

橋
呼吸運動調節の中枢

（34　　　　　）
（35　　　　　）・血液循環・おう吐・だ液分泌の中枢

脳梁
脳下垂体

（32　　　　　）
からだの（33　　　　　）を保つ中枢

脊髄
脊髄反射の中枢

問 **18** 大脳の構造について，次のキーワードを用いて説明しなさい。
（大脳皮質，大脳髄質，新皮質，大脳辺縁系）

162

▰ D ▰ 脊髄にはどのような構造や働きがあるのだろうか？

◆脊髄の構造

・脊髄の中心部には H 字状をした 36_____

が，周囲には 37_____がある。

・脊髄からは，感覚神経が通る 38_____と，運動

神経が通る 39_____という突起が出ている。

◆反射

・40_____：生物のからだに加えられた刺激が，

特定の経路を介して，無意識に反応を引き起こす現象。ひざ下を軽くたたくとすぐに関節が伸

びる 41_____，熱いやかんに触れて手を引っ込める 42_____などがある。

・43_____：40_____において，興奮が伝わる経路。

図中のラベル：
- 大脳
- 間脳
- 延髄
- 脊髄
- 大脳皮質(灰白質)
- 髄質(白質)
- ------ 感覚興奮(触覚,圧覚)の経路
- —— 感覚興奮(痛覚,温度覚)の経路
- —— 運動興奮の経路
- 灰白質
- 白質
- 灰白質
- 白質
- 背根
- 腹根
- 皮膚
- 筋肉

膝蓋腱反射
- (44　　　　)
- (38　　　　)
- 筋紡錘(受容器)
- 伸筋
- (39　　　　)
- 膝蓋腱
- 屈筋
- (45　　　　)
- (46　　　　)

屈筋反射
- (47　　　　)
- (45　　　　)
- (46　　　　)

※反射が発生したあとに「ひざ下をたたかれた」や「炎に触れた」といった
刺激の情報が脳に伝わり，ヒトはからだの状況を感知する。

Q　脊髄にはどのような構造や働きがあるのだろうか？

・　脊髄は，中心部に断面が H 字状をした 48_____があり，周囲には白質がある。

・　感覚神経が通る 49_____と運動神経が通る 50_____という突起が出ている。

・　脊髄は脳と末梢神経の間での情報のやりとりの経路となるとともに，51_____
　　反射や屈筋反射の中枢にもなっている。

4 刺激に対する反応　p.190〜194　　　月　　日

▶ A ◀ 効果器にはどのようなものがあるのだろうか？

1＿＿＿＿＿＿：刺激に応じた反応を起こす器官。

例：筋肉, 2＿＿＿＿＿＿, 3＿＿＿＿＿や鞭毛，色素胞，発電器官，4＿＿＿＿＿＿など

- 分泌腺：汗腺などの 5＿＿＿＿＿＿と，ホルモンの分泌腺などの 6＿＿＿＿＿＿がある。

(7＿＿＿＿＿＿)

上皮　　分泌

動脈　静脈

腺細胞　　腺細胞

内分泌腺　　外分泌腺

- 発電器官と発光器官：外部の刺激に反応して，電気や光を発生する。

→8＿＿＿＿＿＿や 9＿＿＿＿＿＿などは 10＿＿＿＿＿＿をもつ。

→ホタルは腹部の末端部に 4＿＿＿＿＿＿をもつ。

- 繊毛と鞭毛：単細胞生物や，生殖細胞の精子が泳ぐ際に使う。

3＿＿＿＿＿…ゾウリムシの運動，ヒトの上皮における粘液や卵の輸送など

13＿＿＿＿＿…ミドリムシの運動，動物の精子の運動など

Q 効果器にはどのようなものがあるのだろうか？

効果器は刺激に応じた反応を起こす器官などで，筋肉, 14＿＿＿＿＿＿, 15＿＿＿＿＿や鞭毛，色素胞，発電器官などがある。

B 筋肉はどのような構造をしているのだろうか？

◆筋肉の構造

《筋原繊維の構造》

16＿＿＿＿＿＿＿＿＿＿：Z膜で区切られた節部。

17＿＿＿＿＿＿＿＿：顕微鏡観察で明るくみえる部位。

18＿＿＿＿＿＿＿＿：顕微鏡観察で暗くみえる部位。

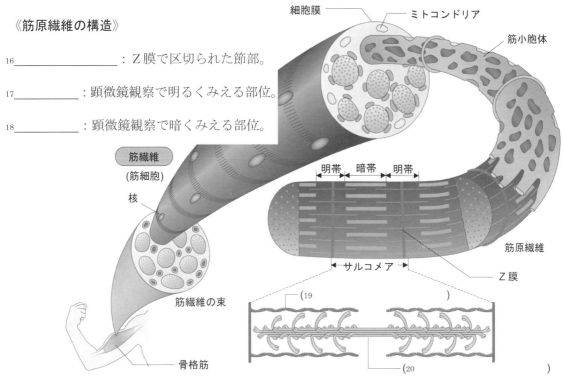

筋繊維
（筋細胞）
核
筋繊維の束
骨格筋

細胞膜　ミトコンドリア
筋小胞体

明帯　暗帯　明帯
筋原繊維
サルコメア
Z膜
(19　　　　　　　　　　　　　)
(20　　　　　　　　　　　　　　)

《筋肉の種類》

筋肉 ── 21＿＿＿＿＿＿＿＿…しま模様がある。

　　　　　　　22＿＿＿＿＿＿＿：円柱状の 23＿＿＿＿＿＿＿の筋繊維からなる。

　　　　　　　24＿＿＿＿＿＿＿：円柱状の単核の筋繊維からなる。

　　25＿＿＿＿＿＿＿＿…しま模様はない。

　　　　　　26＿＿＿＿＿＿＿：紡錘形の 27＿＿＿＿＿＿＿の筋繊維からなる。

Q 筋肉はどのような構造をしているのだろうか？

・　骨格筋は，28＿＿＿＿＿＿＿（筋細胞）が多数束になってできており，筋繊維の細胞に
　　は 29＿＿＿＿＿＿＿とよばれる繊維が多数みられる。筋原繊維は，アクチンフィラ
　　メントと 30＿＿＿＿＿＿＿フィラメントが規則正しく配列している。

・　筋原繊維には　Z膜とよばれる仕切りがあり，Z膜とZ膜の間を 31＿＿＿＿＿＿＿＿
　　という。筋原繊維はサルコメアが多数くり返しつながった構造である。

◤ C ◢ 筋肉はどのように収縮するのだろうか？

◆筋肉が収縮するまで

① 運動ニューロンの興奮が，神経と筋肉の接合部の 32＿＿＿＿＿＿＿に到達する。

② 33＿＿＿＿＿＿＿＿＿が伝達物質となって筋繊維に興奮が伝達される。

③ 興奮が筋繊維の 34＿＿＿＿＿を伝わって細胞内へと広がる。

④ T管から興奮の情報が伝わると 35＿＿＿＿＿＿が 36＿＿＿＿＿を放出する。

⑤ Ca^{2+} により筋原繊維が活性化され，37＿＿＿＿＿が分解される。

⑥ 発生したエネルギーにより，38＿＿＿＿＿＿＿＿＿が 39＿＿＿＿＿＿＿＿＿＿

の間に滑り込み，筋肉が収縮する。

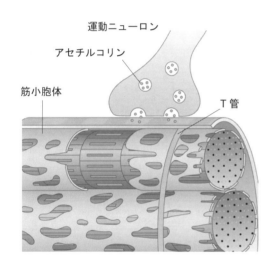
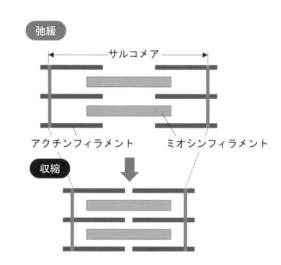

◆カルシウムイオンによる筋収縮の調節

· Ca^{2+}濃度が低い →40＿＿＿＿＿＿＿＿＿がアクチンとミオシンの結合を阻害する。

· Ca^{2+}濃度が十分 →41＿＿＿＿＿＿＿と Ca^{2+} が結合。

→ 40＿＿＿＿＿＿＿の形がかわり，42＿＿＿＿＿＿＿のアクチンフィラメント

への結合が可能となる。その結果，筋肉が収縮する。

(1) ATP のみでは力は発生しない。

(2) ₄₃＿＿＿＿＿＿を加える。

   → ATP のエネルギーが利用される。

   → 筋肉が収縮する。

(3) Ca^{2+} を除去する。

   → 筋肉が弛緩する。

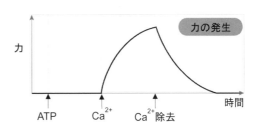

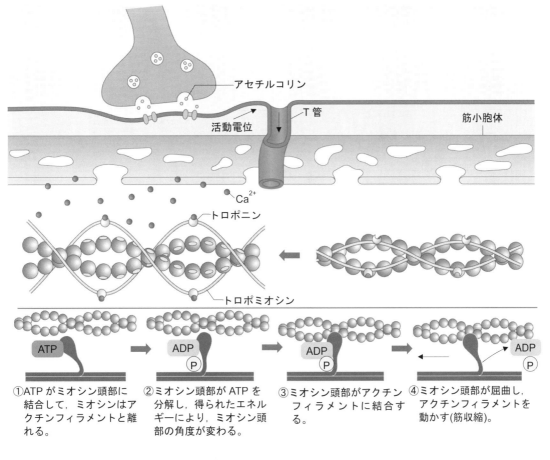

① ATP がミオシン頭部に結合して，ミオシンはアクチンフィラメントと離れる。

② ミオシン頭部が ATP を分解し，得られたエネルギーにより，ミオシン頭部の角度が変わる。

③ ミオシン頭部がアクチンフィラメントに結合する。

④ ミオシン頭部が屈曲し，アクチンフィラメントを動かす(筋収縮)。

① ₄₄＿＿＿＿＿＿がミオシン頭部に結合して，₄₅＿＿＿＿＿＿＿はアクチンフィラメントと離れる。

② ミオシン頭部が ATP を分解し，得られたエネルギーにより，ミオシン頭部の角度が変わる。

③ ミオシン頭部が ₄₆＿＿＿＿＿＿＿＿＿＿＿に結合する。

④ ミオシン頭部が屈曲し，アクチンフィラメントを動かす(₄₇＿＿＿＿＿＿)。

問 **19** 筋収縮のしくみについて，次のキーワードを用いて説明しなさい。

（ミオシンフィラメント，アクチンフィラメント，ATP，Ca^{2+}）

```
┌─────────────────────────────────────────────────────────────┐
│                                                             │
│                                                             │
│                                                             │
│                                                             │
│                                                             │
└─────────────────────────────────────────────────────────────┘
```

◆単収縮と強縮

・ 48＿＿＿＿＿＿＿＿＿：1回の刺激により起こる単一の小さな収縮。単収縮が起こる刺激の大きさ
には閾値があり，49＿＿＿＿＿＿＿＿＿＿＿＿に従う。

・ 50＿＿＿＿＿＿＿：高頻度の刺激により起こる持続的な大きな収縮。

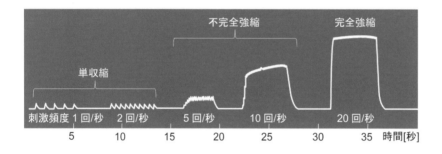

●Memo●

```
.........................................................................................
.........................................................................................
.........................................................................................
.........................................................................................
.........................................................................................
.........................................................................................
.........................................................................................
.........................................................................................
.........................................................................................
.........................................................................................
```

◆筋収縮とエネルギー

・ 筋収縮を繰り返しても 51＿＿＿＿＿量がほぼ一定に保たれるのは，呼吸による ATP の補給
と筋繊維中に 52＿＿＿＿＿＿＿＿＿として蓄えられているエネルギーを利用した ATP
の補給のしくみがあるためである。

・ 53＿＿＿＿＿：筋肉の長時間収縮によって酸素供給が間に合わなくなるため，54＿＿＿＿＿に
よる 55＿＿＿＿＿が蓄積するとともに，エネルギーの供給が不足して，十分な収縮ができな
くなる状態。

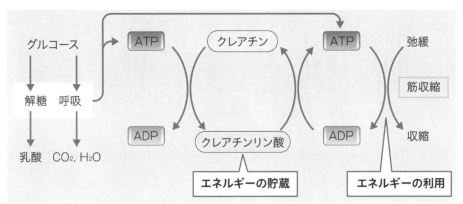

Q　筋肉はどのように収縮するのだろうか？

筋繊維に興奮が伝達されると，T 管から筋小胞体に興奮が伝わる。

筋小胞体から放出された 56＿＿＿＿＿がトロポニンというタンパク質に結合すると，アク
チンにあるミオシン結合部位をふさぐトロポミオシンの形が変わり，ミオシン頭部が
57＿＿＿＿＿＿＿＿＿＿＿に結合できるようになる。

ミオシン頭部が 58＿＿＿＿＿を分解することで得たエネルギーを使ってアクチンフィラメ
ントをたぐり寄せることで筋収縮が起きる。

●Memo●

169

1　生得的行動　p.196〜201

▶ A ◀　動物はどのようなしくみで行動するのだろうか？

1_____：遺伝的なプログラムでうまれつき決まっていて，学習や経験がなくても生じる定型的な行動。

2_____：うまれた後の経験や学習によって，環境の変化に対して柔軟で複雑に応答できる行動。3_____がかかわるため，より柔軟で複雑な行動が可能。

▶ B ◀　生得的行動はどのようにして引き起こされるのだろうか？

◆かぎ刺激

4_____（信号刺激）：動物に，ある特定の行動を引き起こさせる特徴的な刺激。

例：模型とイトヨの反応…ティンバーゲン（1948年）の実験

　　イトヨの縄張りに，いろいろな模型を入れて，雄の行動を調べる。

同じ形だが腹部が赤くないと
攻撃しない。

似ていなくても腹部が赤いと攻撃する。

→雄の腹部の赤色が 4_____となり，攻撃して追い払う。

Q　生得的な行動はどのようにして引き起こされるのだろうか？

動物に，ある特定の行動を引き起こさせる特徴的な刺激は 5_____（信号刺激）とよばれ，6_____はかぎ刺激に動機づけが加わって起こることが多い。

C　生得的行動にはどのような役割があるのだろうか?

◆移動(定位)行動

ミツバチや渡り鳥は，太陽，星座，地磁気などを手がかりに，方向などの空間情報を集めて，帰巣や渡りなどの移動行動をする。

【太陽コンパス】

例：ミツバチの8の字ダンス…フォン・フリッシュ (1940年代)

ミツバチは，えさ場をみつけると，8の字を描くようなダンスを行って，巣にいる仲間に太陽の位置を基準にしたえさ場の位置を伝える。→「ミツバチは7＿＿＿＿＿＿＿＿を使っている。」

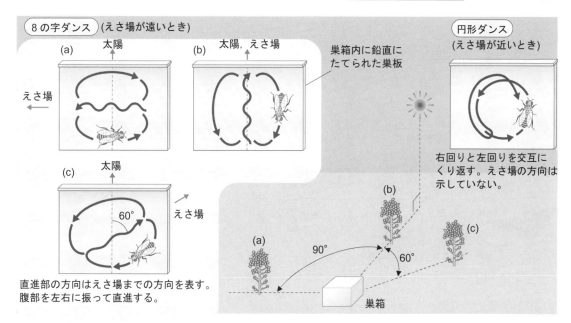

・　えさ場が遠いとき…8＿＿＿＿＿ダンス

→鉛直上方を太陽方向に見立てている。

→えさ場の方向…9＿＿＿＿＿の方向

・　えさ場が近いとき…10＿＿＿＿＿ダンス

→右回りと左回りを交互にくり返す。

→えさ場の方向は示していない。

例：ホシムクドリ

太陽の位置を基準として飛び立つ方向を決める。

11＿＿＿＿＿＿＿＿：刺激の発生源に対して生物がとる方向性をもつ体位や姿勢。

【エコーロケーション】

12＿＿＿＿＿＿＿＿＿＿＿＿＿＿＿：コウモリなどが，13＿＿＿＿＿＿＿＿＿の鳴き声を発してターゲットから

はね返ってくる反響音（14＿＿＿＿＿＿＿）を分析し，食物や障害物の距離や速度を知って定位する

手法。

ターゲットとの距離…エコーが戻ってくるまでの 15＿＿＿＿＿＿＿＿から計算。

ターゲットとの相対速度…発信した超音波の周波数と受信したエコーの 16＿＿＿＿＿＿＿＿＿＿の差によ

り計算。

→コウモリのエコーロケーションに対し，

ヤガ…超音波を感知すると，急降下して捕食を回避する。

ヒトリガ…超音波を発してコウモリをかく乱する。

●Memo●

172

◆フェロモンによる情報伝達

17＿＿＿＿＿＿＿＿＿＿：動物のからだから放出されて，同種の他個体の行動などに影響を及ぼすにおい物質。とくに，雌雄間において異性を引きつけるものを 18＿＿＿＿＿＿＿＿＿＿という。

例：カイコガ

雌→性フェロモンを誘引腺から分泌する。

雄→①19＿＿＿＿＿＿にある専用の嗅覚受容器で性フェロモンを受容。

　　②性フェロモンがただよってきた方向に直進する。この行動は，性フェロモンが

　　　20＿＿＿＿＿＿となって起こる。

　　③受容がとだえると，フェロモンを探索するジグザグターンと回転歩行を行う。

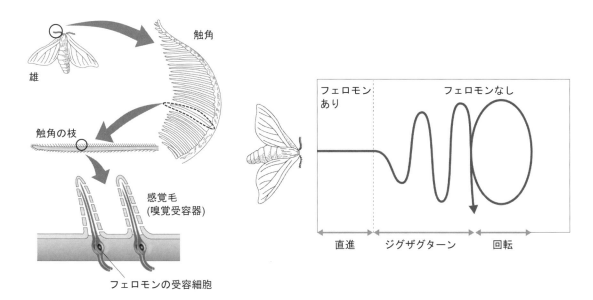

触角
雄
触角の枝
感覚毛
(嗅覚受容器)
フェロモンの受容細胞

フェロモン
あり　　　　　フェロモンなし
直進　　　ジグザグターン　　回転

Q 生得的行動にはどのような役割があるのだろうか？

太陽，星座，地磁気などを手がかりに方向などの空間情報を集めて帰巣や渡りなどの 21＿＿＿＿＿＿＿をする，反響音（エコー）を分析してえさや障害物の距離や速度を知って 22＿＿＿＿＿＿する，フェロモンによって情報伝達をするなどの役割がある。

2　習得的行動　p.202〜204

月　　日

検印欄

▶ A ◀　学習などにより動物の行動はどのようにかわるか？

1＿＿＿＿＿＿：動物が，経験を記憶し，新しい状況に応じて行動を変化させること。

　　　　　　2＿＿＿＿＿＿の働きや構造の変化が関係している。

◆3＿＿＿＿＿＿：生物に同じ刺激を繰り返し与えると，刺激に対する反応が弱まる現象。

→慣れはしばらくすると消失するが，慣れの成立後に放置せず，刺激を繰り返し与え続けると，

その後，しばらく放置しても慣れが消失しない(4＿＿＿＿＿＿＿＿)。

◆脱慣れと鋭敏化

① アメフラシの水管に機械的刺激を与え，慣
　　れを生じさせる。

② 慣れの生じたアメフラシの尾に電気刺激を
　　与える。

→　水管への刺激に対する慣れが消失する。

→　このような現象を 5＿＿＿＿＿＿という。

③ アメフラシの尾にさらに強い電気刺激を与
　　える。

→　水管への弱い刺激に対しても敏感に反応す
　　るようになる。

→　このような現象を 6＿＿＿＿＿＿という。

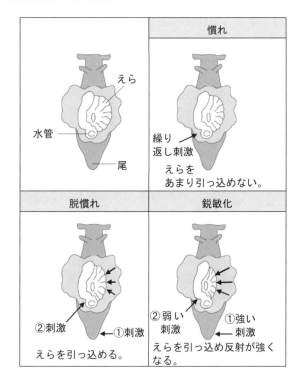

問 20　アメフラシのえら引っ込め反射における脱慣れについて，次のキーワードを用いて説明しなさい。

　　　（慣れ，尾，えら引っ込め反射）

◆慣れと鋭敏化の生じるしくみ

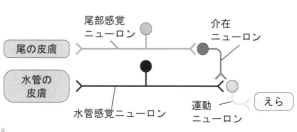

【慣れが生じるしくみ】

水管に刺激を与え続ける。

① 水管の 7＿＿＿＿＿＿＿＿＿＿の電位依

存性カルシウムチャネルが不活性化する。

② 放出される 8＿＿＿＿＿＿＿＿＿の量が減る。

③ えらの 9＿＿＿＿＿＿＿＿に発生する 10＿

＿＿＿＿＿(興奮性シナプス後電位)が小さくな

り，えらを引っ込める行動が弱まる。

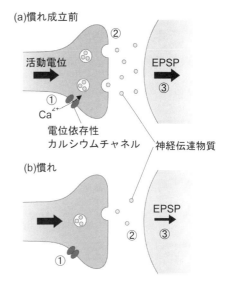

【鋭敏化が生じるしくみ】

尾部に刺激を与える。

① 興奮が尾部の感覚ニューロンから介在ニュー

ロンに伝わり，介在ニューロンは 8＿＿＿＿＿

＿＿＿＿を介して水管感覚ニューロンへ興奮を伝

達する。

② 神経伝達物質を受容した水管感覚ニューロン

で 11＿＿＿＿＿の流入が増加する。神経伝達物質

の放出量が増え，運動ニューロン EPSP が大きく

なる。

③ さらに繰り返し電気刺激を与えると，水管感覚

ニューロンの分岐が増加し，鋭敏化は長期的に持

続する。

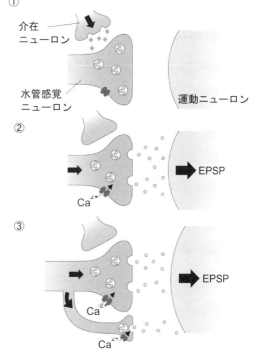

- ・　アメフラシでは，水管を機械的に刺激するとえら引っ込め反射を示すが，繰り返し機械的刺激を与えたり，異なる部位に電気刺激を与えたりすることで，
- ・　12_____・脱慣れ・13_____といった学習を示す。
- ・　慣れや鋭敏化は，14_____の伝達効率が変化したり，神経回路が変化したりすることで起こる。

◢ B ◢ さまざまな習得的行動

◆刷込み

- ・　15_____：生後のある期間に特定の対象を学習し，記憶すること。

例：ニワトリやカモの刷込み

ふ化直後のひなを親から離し，ヒトやおもちゃなどの動くものといっしょにしておくと，ひなはそれについて歩くようになる。

→ 動くものを親として記憶するため。

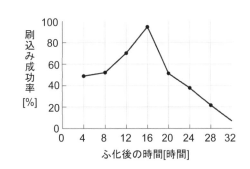

◆試行錯誤学習

- ・16_____：試みと失敗を繰り返すことで問題解決ができるようになる学習。

例：ネズミの迷路実験

ネズミがえさに達するまでに失敗する回数は，実験を重ねるにつれて減少する。

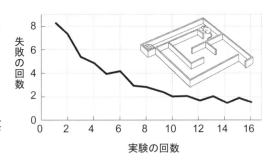

●Memo●

....
....
....

1　植物の一生と環境応答　p.206〜209

月　　日　　検印欄

◤ A ◢　植物の環境応答にはどのようなものがあるだろうか？

◆植物の環境応答

植物の環境応答は，器官の形態の変化や新たな器官の形成などによって表れる。

【形態の変化】

・　1＿＿＿＿＿＿：刺激に対して一定の方向性をもって屈曲する反応

　　例…光が当たると，植物は光の方向に向かって茎を屈曲する。

・　2＿＿＿＿＿＿：刺激の方向と反応の方向が無関係な応答。

　　例…チューリップの 3＿＿＿＿＿＿＿

　　→花弁の内側と外側の成長速度の差によって起こる成長運動。

【器官の形成】

・　4＿＿＿＿＿＿＿＿＿：茎の先端
付近の分裂組織。周辺部で葉が
形成され，その後，葉の付け根
に 5＿＿＿＿＿＿が形成される。

・　6＿＿＿＿＿＿＿＿：根の先端
の分裂組織。根を形成する。

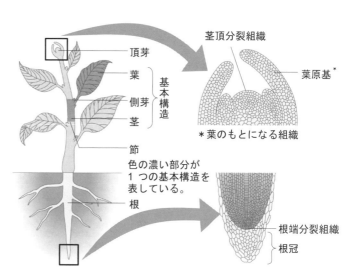

◤Q◢　植物の環境応答にはどのようなものがあるだろうか？

光が当たると光の方向に 7＿＿＿＿＿＿する，温度が刺激となって花を 8＿＿＿＿＿＿する，決まった時期に開花し結実するなど，植物の環境応答は，9＿＿＿＿＿＿の形態の変化や新たな器官の形成などによって表れる。

▚ B ▚ 植物はどのようにして刺激に応答するのだろうか？

◆刺激の受容

植物の芽生えの屈曲…植物が 10＿＿＿＿＿＿＿で光を受容し，刺激に対して応答している。

光受容体の例：11＿＿＿＿＿＿＿…赤色光を受容。レタスの種子では，赤色光を照射すると

発芽する。

12＿＿＿＿＿＿＿…青色光を受容。レタスの芽生えでは，青色光を照射する

と屈曲する。

◆植物ホルモン

13＿＿＿＿＿＿＿：植物の体内でつくられ，植物の形態や器官形成などにかかわる低分子の化

合物。

表　植物ホルモンの例

植物ホルモン	おもな働き
〔14　　　　　〕	肥大成長の促進，果実の成熟の誘導，落葉・落果の促進
〔15　　　　　〕	成長の調節，細胞の分化
〔16　　　　　〕	発芽や成長の促進
〔17　　　　　〕	種子の休眠の促進，成長抑制，気孔閉鎖

◆刺激受容から応答

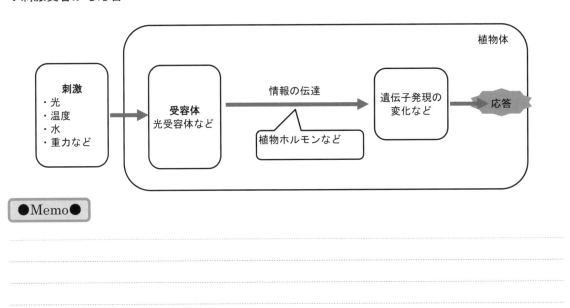

●Memo●

178

植物はどのようにして刺激に応答するのだろうか？

光，温度などの刺激は，光受容体などの 18＿＿＿＿＿＿＿＿によって受容される。

情報は 19＿＿＿＿＿＿＿＿＿が合成されたり分布が変化したりすることなどによっ

て伝達され，植物ホルモンを受け取った細胞では，遺伝子発現などが変化して細胞の

20＿＿＿＿＿＿＿や成長が調節される。その結果，植物の形態や器官形成が変化する。

●Memo●

2 植物の成長 p.210〜214

月　　日

検印欄

�▰ A ▰ 屈性はどのようにして起こるのだろうか?

1＿＿＿＿＿＿：植物が刺激源に対して一定の方向性をもって屈曲する反応。

・　2＿＿＿＿＿＿＿＿：刺激源の方向へ屈曲する。

・　3＿＿＿＿＿＿＿＿：刺激源とは反対の方向へ屈曲する。

表　いろいろな屈性

種類	刺激	例
〔4　　　　　〕	光	茎 (＋), 根 (－)
〔5　　　　　〕	重力	根 (＋), 茎 (－)
〔6　　　　　〕	化学物質	花粉管 (＋)

◆光屈性とオーキシン

7＿＿＿＿＿＿＿＿＿：植物の伸長成長を促進する物質の総称。8＿＿＿＿＿＿＿＿＿の幼葉鞘を用い

た研究で発見された。

→植物が合成する天然のオーキシン：9＿＿＿＿＿＿＿＿＿　(IAA)

①　幼葉鞘の先端に光が当たると，10＿＿＿＿＿＿＿＿＿がその刺激を受容する。

②　幼葉鞘先端で合成されたオーキシンが 11＿＿＿＿＿側に移動。

③　その後オーキシンが下方に移動し，12＿＿＿＿＿側の成長を促進する。

④　幼葉鞘が光側に屈曲。

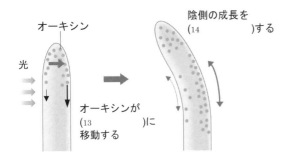

オーキシン

陰側の成長を
(14　　　　　)する

光

オーキシンが
(13　　　　　)に
移動する

【オーキシンの極性移動】

15＿＿＿＿＿＿＿＿：オーキシンが茎の先端側から基部

側へと決まった方向に移動すること。

→オーキシンの移動には，2種類の

16＿＿＿＿＿＿＿＿＿＿が関係している。

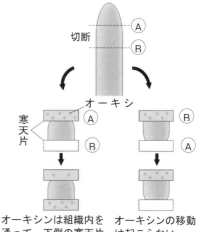

(a)極性移動

切断

寒天片　　オーキシ

オーキシンは組織内を通って，下側の寒天片に移動する。

オーキシンの移動は起こらない。

・　取り込み輸送体…細胞膜に均等に分布。

・　排出輸送体…細胞膜の 17＿＿＿＿＿側に集中的

に分布。

オーキシンは 17＿＿＿＿＿側から排出される。そ

のため，オーキシンは 18＿＿＿＿＿から

19＿＿＿＿＿側へと輸送されることになる。

20＿＿＿＿＿＿＿＿＿＿：オーキシンを排出する

輸送タンパク質。

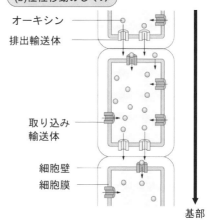

(b)極性移動のしくみ

オーキシン

排出輸送体

取り込み輸送体

細胞壁

細胞膜

基部

●Memo●

問 **21**　オーキシンの極性移動について，次のキーワードを用いて説明しなさい。

（排出輸送体，細胞膜）

◆重力屈性

　オーキシンの濃度が高すぎると，植物の成長は抑制される。

オーキシンへの感受性は，21＿＿＿＿＿と 22＿＿＿＿＿で異なる。

植物の芽ばえを水平に置くと，重力により，茎と根の 23＿＿＿＿＿側にオーキシンが多く分布。

→茎では下側の組織の伸長成長が(24　促進　・抑制　)され，(25　上　・　下　)方に屈曲。

→根では下側の組織の伸長成長が(26　促進　・抑制　)され，(27　上　・　下　)方に屈曲。

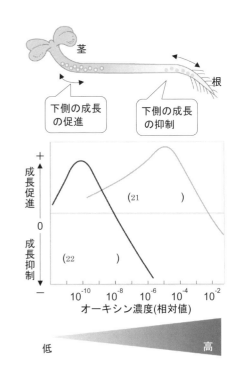

◆重力とオーキシンの輸送

28＿＿＿＿＿＿＿＿＿＿：根冠の一部にある細胞小器官で，これが重力方向に沈降することで重力を感知している。

●Memo●

Q 屈性はどのようにして起こるのだろうか？

・ 屈性は，植物ホルモンである 29＿＿＿＿＿＿＿＿＿の分布の偏りによって起こる。幼葉鞘では，オーキシンが 30＿＿＿＿＿側に移動することで陰側の成長がより促進されて光の方向に屈曲する。

・ 一方，成長に適するオーキシンの濃度は茎と根では異なり，また，濃度が高すぎると成長は抑制される。植物を水平に置くとオーキシンは重力にしたがって下側の濃度が高くなるため，茎では下側の成長が 31＿＿＿＿＿＿＿され上方に屈曲するが，根では下側の成長が 32＿＿＿＿＿＿＿されるため，下方に屈曲する。

B 植物はどのように成長するのだろうか？

◆オーキシンによる吸水成長

・ 33＿＿＿＿＿＿＿＿＿＿の作用により，細胞壁の 34＿＿＿＿＿＿＿＿＿繊維間をつなぐ構成成分の結合が切断される。

→細胞壁がゆるみ，35＿＿＿＿＿＿＿する。

→細胞が伸長する。

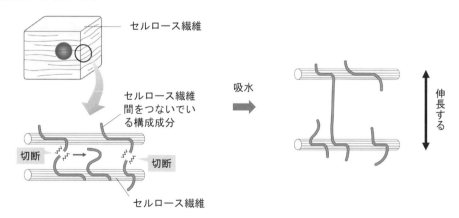

●Memo●

◆伸長成長と肥大成長

・　伸長成長を促進する植物ホルモン…36＿＿＿＿＿＿＿＿＿

　　→ジベレリンがセルロース繊維の方向を茎の軸方向と直角になるようにかえる。

　　→オーキシンの作用により細胞壁がゆるみ，吸水すると，セルロース繊維の間隔が広がり

　　　37＿＿＿＿＿方向に伸長する。

・　肥大成長を促進するホルモン…38＿＿＿＿＿＿＿

　　→エチレンがセルロース繊維を茎の軸方向と平行になるようにかえる。

　　→オーキシンの作用により吸水すると，セルロース繊維の間隔が広がり 39＿＿＿＿＿方向に伸

　　長する。

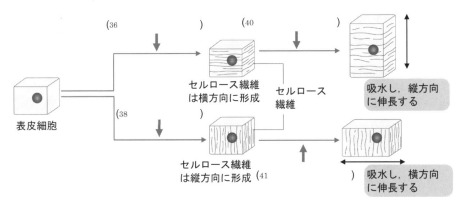

Q　植物はどのように成長するのだろうか？

・　植物の細胞壁は 42＿＿＿＿＿＿＿＿＿の作用によってゆるみ，細胞が吸水して伸長す

　　る。43＿＿＿＿＿＿＿＿＿は，細胞壁のセルロース繊維を茎の軸方向と直角になるよ

　　う変える働きをもち，オーキシンとともに与えると細長く伸長する。

・　44＿＿＿＿＿＿＿＿は，細胞壁のセルロース繊維を茎の軸方向と平行になるように変

　　える働きをもち，オーキシンとともに与えると細胞は横方向に伸長する。

●Memo●

184

3　開花・結実の調節　p.215〜219

月　　日　　検印欄

A　開花の時期はどのように決まるのだろうか？

p.215 の実験 1,2 の結果から，開花の時期がどのように決まるか考えてみよう。

実験 1 の結果

播種日	生育日数	開花日
5/8	120 日	9/5
5/16	112 日	9/5
5/24	104 日	9/5
6/1	96 日	9/4

実験 2 の結果

❶ 明期　暗期　開花しない。

❷ 開花する。

❸ 開花しない。

●Memo●

◆光周性

光周性：生物が日長の変化（明期や暗期の長さ）に影響されて反応すること。

1_____：花芽形成を促進または抑制する連続した暗期の長さ。

2_____：暗期の途中で光照射し，暗期の効果を失わせるような光処理。

3_____が関与する。

◆長日植物と短日植物

4_____：連続した暗期が一定時間以下になると花芽を形成する植物。

例…春に開花するアブラナ，コムギなど

5_____：連続した暗期が一定時間以上になると花芽を形成する植物。

例…夏から秋に開花するアサガオ，キクなど

6_____：日長に関係なく花芽を形成する植物。

例…エンドウ，キュウリなど。

```
                    長日植物                              短日植物
                    アブラナ                               キク
                                        限界
                                        暗期
花芽を                                                        花芽を
(7    )          ←  │ 明期 │ 暗期 │  →                      (8          )

花芽を                                                        花芽を
(9    )          ←  │     │      │  →                      (10         )
                              光中断
花芽を                                                        花芽を
(11   )          ←  │     │  │   │  →                      (12         )
                        光
花芽を                                                        花芽を
(13   )          ←  │    │ │    │  →                       (14         )
```

●Memo●

....
....
....
....
....

◆春化

15＿＿＿＿＿＿＿：芽生えや吸水した種子が一定期間の低温にさらされることで花芽形成や開花が促

進されること。

Q 開花の時期はどのように決まるのだろうか？

- 被子植物では，連続した 16＿＿＿＿＿＿の長さに応答して花芽形成が起きる例が多く
  知られている。生物が昼間や夜間の長さに影響されて反応することを 17＿＿＿＿＿＿
  という。
- 春に開花する植物では開花のために低温を必要とすることが多い。芽生えや吸水し
  た種子に一定期間の 18＿＿＿＿＿＿を経験させることで，花芽形成や開花などが促進
  されることを 19＿＿＿＿＿＿という。

●Memo●

◆◆◆Challenge◆◆◆～花芽形成のしくみを解明してみよう～

▶実験

実験❶　葉を除いて，茎と茎頂に短日処理をする。

実験❷　葉を1枚残し，葉だけに短日処理をする。

実験❸　2本に枝分かれしたオナモミの片方の枝のみに短日処理をする。

実験❹　2本に枝分かれしたオナモミの片方の枝の途中に環状除皮を施し，施さなかったもう一
　　　　方の枝のみに短日処理をする。

▶結果

図に示した位置に花芽が形成された。

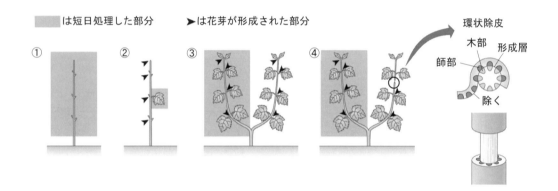

▶考察

(1)短日刺激を受容するのはどこか。

(2)情報は茎頂にどのように伝えられたか。

◤ B ◢ 花芽形成はどのようにして起こるのだろうか？

20＿＿＿＿＿＿＿＿＿＿：葉でつくられ，師管を通って茎頂に運ばれて花芽形成を促進する物質。

・ フロリゲンの実体は，21＿＿＿＿＿＿＿＿＿＿が発現してできる 22＿＿＿＿＿＿＿＿＿＿。

・ 茎頂に運ばれた FT タンパク質は，茎頂で合成される 23＿＿＿＿＿＿＿＿＿＿＿とともに複合

体をつくり，花芽形成の最初の段階で必要な遺伝子の発現を誘導する。

FD タンパク質
…茎頂で合成される
タンパク質

茎頂分裂組織

日長

葉で合成された FT
タンパク質は，師
管を通って茎頂分
裂組織に移動する。

FT タンパク質

FT 遺伝子

発現

FT タンパク
質

日長を感知すると，葉で
FT 遺伝子が発現し，FT
タンパク質が合成される。

複合体が花芽形成に
必要な遺伝子の発現
を活性化し，花芽形成
を誘導する。

花芽形成

Q 花芽形成はどのようにして起こるのだろうか？

日長を感知すると葉で 24＿＿＿＿＿＿＿＿＿が発現し，25＿＿＿＿＿＿＿＿＿＿が合成さ

れる。FT タンパク質は師管を通って茎頂分裂組織に移動し，茎頂で合成される別の

タンパク質と複合体をつくり，花芽形成に必要な遺伝子の発現を活性化し，花芽形成

を誘導すると考えられている。

●Memo●

◤ C ◢ 花の形成にはどんな遺伝子が関係しているだろうか？

◆花の構造

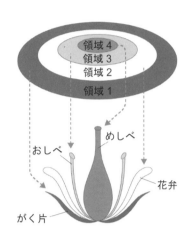

・ 被子植物の花は，外側から順に 26＿＿＿＿＿＿，

27＿＿＿＿＿，28＿＿＿＿＿，29＿＿＿＿＿が配置する。

・ 3種類の調節遺伝子(Aクラス，Bクラス，Cクラス)によ

って各領域が花のどの部分になるかが決まり，この考え

方を 30＿＿＿＿＿＿＿＿＿という。

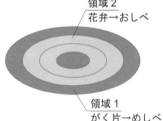

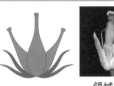

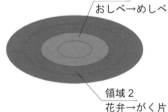

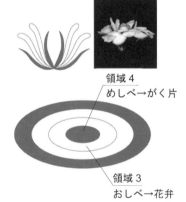

・ 遺伝子Aが機能しない突然変異体（代わりに遺伝子Cが発現）

→外側から順に 31＿＿＿＿＿＿，32＿＿＿＿＿＿，33＿＿＿＿＿＿，34＿＿＿＿＿＿となる。

→正常花と異なる器官が分化しているのは領域 35＿＿＿＿と領域 36＿＿＿＿。

→Aクラス遺伝子は領域 37＿＿＿＿と領域 38＿＿＿＿で発現している。

・ 遺伝子Bが機能しない突然変異体

→外側から順に 39＿＿＿＿＿＿，40＿＿＿＿＿＿，41＿＿＿＿＿＿，42＿＿＿＿＿＿となる。

→正常花と異なる器官が分化しているのは領域 43＿＿＿＿と領域 44＿＿＿＿。

→Bクラス遺伝子は領域 45＿＿＿＿と領域 46＿＿＿＿で発現している。

- 遺伝子 C が機能しない突然変異体

→外側から順に 47＿＿＿＿＿＿＿, 48＿＿＿＿＿＿, 49＿＿＿＿＿＿, 50＿＿＿＿＿＿＿となる。

→正常花と異なる器官が分化しているのは領域 51＿＿＿＿と領域 52＿＿＿＿。

→C クラス遺伝子は領域 53＿＿＿＿と領域 54＿＿＿＿で発現している。

以上の結果より，各領域で発現する遺伝子は下記のようになる。

形成される器官	発現する遺伝子
がく片(領域 1)	〔55　　　　〕
花弁(領域 2)	〔56　　　　〕と〔57　　　　〕
おしべ(領域 3)	〔58　　　　〕と〔59　　　　〕
めしべ(領域 4)	〔60　　　　〕

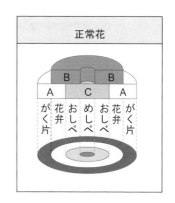

正常花

Q 花の形成にはどんな遺伝子が関係しているだろうか？

花の形成にはA クラス，B クラス，C クラスの 3 種類の 61＿＿＿＿＿＿＿＿がかかわることがわかっており，これらの遺伝子の組合せにより，各領域が花のどの部分になるかが決まる。このように，3 つのクラスの遺伝子が働き，花が形成されるとする考え方を 62＿＿＿＿＿＿＿＿という。

●Memo●

4　その他の環境応答　p.220〜223

月　　日

検印欄

◤ A ◢　発芽はどのように調節されているのだろうか？

◆休眠

1＿＿＿＿＿＿＿：生物が生育を一時的に停止している状態。

◆植物ホルモンによる発芽調節

オオムギの種子の発芽には，胚で合成される 2＿＿＿＿＿＿＿＿＿＿＿が関与している。

　オオムギ：初夏に種子ができた後休眠し，秋になると発芽する。

① 　種子が吸水し，胚内で 2＿＿＿＿＿＿＿を合成。

② 　ジベレリンが胚乳中に放出される。

③ 　ジベレリンが 3＿＿＿＿＿＿に作用し，

　　4＿＿＿＿＿＿＿＿＿の合成を促進。

④ 　アミラーゼが胚乳中の 5＿＿＿＿＿＿＿を分解。

⑤ 　生じた糖は胚が発芽するときのエネルギー源に

　　なる。

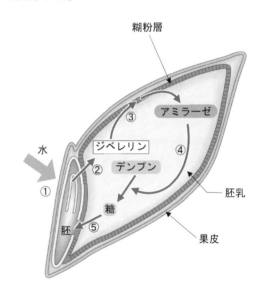

問 22　オオムギの種子の発芽のしくみについて，次のキーワードを用いて説明しなさい。

　　（ジベレリン，アミラーゼ，胚乳）

◆光による発芽調節

6＿＿＿＿＿＿＿＿＿＿＿：発芽に光を必要とする種子。

…7＿＿＿＿＿＿(波長 8＿＿＿＿＿nm 付近)で発芽が促進される。

…9＿＿＿＿＿＿(波長 10＿＿＿＿＿nm 付近)で発芽が抑制される。

→光発芽種子が発芽するかしないかは、

11＿＿＿＿＿にどちらの光が照射されたかによって決まる。

暗	発芽(12　　　　)
	発芽(13　　　　)
	発芽(14　　　　)
	発芽(15　　　　)
	発芽(16　　　　)

光を照射する順番

: 赤色光
(波長 660nm 付近)

: 遠赤色光
(波長 730nm 付近)

17＿＿＿＿＿＿＿＿＿＿：光を受容するタンパク質で，2 つの型がある。

・　18＿＿＿＿＿型：赤色光を吸収する。

・　19＿＿＿＿＿＿型：遠赤色光を吸収する。

→Pfr 型には発芽を促進する作用があり，Pfr 型が増加すると 20＿＿＿＿＿＿＿＿の合成が誘導され，種子が発芽する。

→7＿＿＿＿＿＿は葉に吸収されるため林床まで届きにくいが，9＿＿＿＿＿＿は林床まで届く。倒木などにより林床に赤色光が届くようになると，光発芽種子は発芽する。

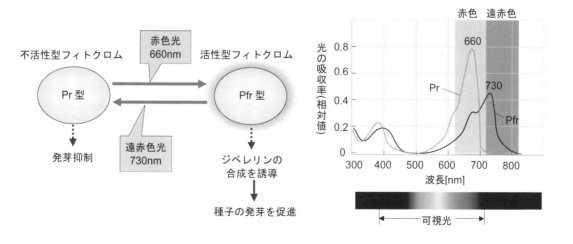

Q 発芽はどのように調節されているのだろうか？

種子の休眠の終了には，時間の経過だけでなく，低温など特別な条件が必要なことが多い。オオムギでは，種子が吸水すると胚内で 21＿＿＿＿＿＿＿＿が合成され，発芽が開始する。レタスでは，22＿＿＿＿＿光を受容するとジベレリンの合成が誘導され，発芽を開始する。

▶ B ◀ 植物はストレスに対してどのように応答するだろうか？

◆水分不足に対する応答

植物は，葉の裏に多く分布する 23＿＿＿＿＿を通じて，外界とガス交換を行っている。

○気孔を開く

24＿＿＿＿＿＿＿は 25＿＿＿＿＿すると外側に向かってふくらみ，気孔が開く。

○気孔を閉じる

乾燥により水分が不足すると 26＿＿＿＿＿＿＿＿の合成量が増加し，気孔を閉じさせ，水分の損失を抑制する。

長期にわたる水分不足では，27＿＿＿＿の離脱や根の伸長などで水分不足に対する対応している。

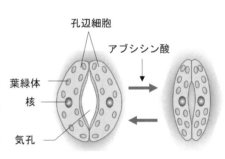

孔辺細胞
アブシシン酸
葉緑体
核
気孔

吸水すると気孔が
(28　　　　　)

水分が不足すると気孔が(29　　　　　)

◆酸素不足に対する応答

土壌中の酸素が不足すると，植物体内に 30＿＿＿＿＿＿が合成される。

→エチレンが根の皮層の細胞にプログラム細胞死を起こさせ，空気の通り道をつくることで酸素を供給する。

◆低温に対する応答

糖質やアミノ酸などが蓄積することによって細胞質基質の濃度が高まり，凍結しにくくなる。

◆強風に対する応答

- 31_____：頂芽で合成された 32_____

  _____によって，33_____の伸長が抑制さ

  れる現象。

  → 強風で頂芽が折れても，側芽が伸長し，新た

  な茎が形成される。

- 風で揺れると，34_____の合成が増え，

  エチレンの働きで茎は 35_____なり，

  風に対する抵抗力が増す。

頂芽

頂芽を
切り取る。

側芽

頂芽を除き，切り口
にオーキシンをぬる。

オーキシン

側芽が急速に伸びる

側芽は伸びない

◆病害や食害に対する応答

【病原体に対する応答】

感染部位周囲で 36_____が起こり，病原体の広がりを防ぐ。

→病原体の菌類の 37_____を破壊する酵素の合成や，植物自らの細胞壁の強化などの防御

　応答が起きる。

【食害に対する応答】

傷害を受けた植物体内で防御物質が合成される。

防御物質の例：昆虫の消化酵素の働きを阻害する物質など。

→摂食した昆虫は成長や活動が妨げられる。

●Memo●

5 被子植物の受精と発生 p.224～227

月　　日

検印欄

◤ A ◢ 被子植物の配偶子はどのように形成されるだろうか？

◆花粉の形成

・　1＿＿＿＿＿＿＿＿＿（2n）…葯の中にある。

⇒ 減数分裂 ⇒ 4個の細胞からなる 2＿＿＿＿＿＿＿＿（n）になる。

⇒ 体細胞分裂 ⇒ 大きな 3＿＿＿＿＿＿＿（n）と小さな 4＿＿＿＿＿＿＿（n）になる。

⇒5＿＿＿＿＿＿＿を 6＿＿＿＿＿＿＿＿＿が包みこんで花粉が形成される。

◆胚のうの形成

7＿＿＿＿＿＿＿＿＿＿（2n）…胚珠の内部でつくられる。

⇒ 減数分裂 ⇒ 4個の細胞が生じる。

⇒ 3個の細胞が退化・消失，残りの1個が 8＿＿＿＿＿＿＿（n）になる。

⇒ 3回の核分裂後，9＿＿＿＿＿＿が形成される。

胚のうの8個の核のうち6個の核のまわりには細胞膜ができ，1個の 10＿＿＿＿＿＿（n）と2個の

11＿＿＿＿＿＿（n）と3個の 12＿＿＿＿＿＿（n）となる。

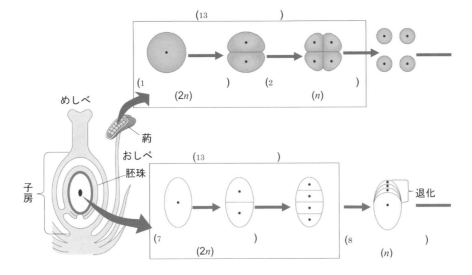

◆被子植物の受精

・　花粉が柱頭に付着し，14＿＿＿＿＿＿＿＿を伸ばす。

・　雄原細胞が分裂し，2個の 15＿＿＿＿＿＿＿＿になる。

　　→1個は 10＿＿＿＿＿＿＿＿と受精　⇒16＿＿＿＿＿＿＿＿(2n) ⇒17＿＿＿＿＿＿

　　→もう1個は 18＿＿＿＿＿＿＿＿と融合　→19＿＿＿＿＿＿＿＿(3n) ⇒20＿＿＿＿＿＿＿

・　このように同時に2つの受精が起こる現象を 21＿＿＿＿＿＿＿＿といい，22＿＿＿＿＿＿植物の

　　みにみられる。

◆花粉管の誘引

23＿＿＿＿＿＿＿＿という植物を用いて，11＿＿＿＿＿＿＿＿から放出される物質が花粉管を誘引する

ことが明らかになった。

●Memo●

▰ B ▰ 種子や果実はどのように形成されるだろうか？

◆胚の形成

受精卵は最初の分裂で大小2個の細胞になる。

・　胚柄になる細胞 ⇒ 胚柄 ⇒のちに退化。

・　胚になる細胞 ⇒胚球⇒26＿＿＿＿＿＿，27＿＿＿＿＿＿，28＿＿＿＿＿＿，29＿＿＿＿＿＿をそなえた

　　胚になる。

　　胚球の細胞では 30＿＿＿＿＿＿＿＿＿の濃度によって異なる細胞が分化し，濃度の低い上部か

　　ら芽(31＿＿＿＿＿＿＿＿＿)が，高い下部から根(32＿＿＿＿＿＿＿＿＿)が分化する。

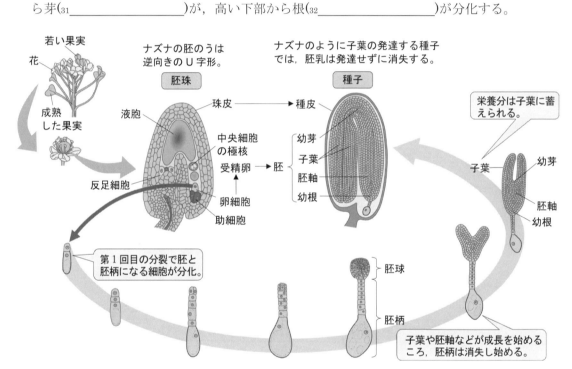

◆胚乳の形成

胚乳細胞は核分裂を繰り返して胚乳になる。

・　33＿＿＿＿＿＿＿＿＿：胚乳が発達し，発芽に

　　必要な栄養分が胚乳に蓄えられている種子。

・　34＿＿＿＿＿＿＿＿＿：胚乳は退化し，栄養分

　　を子葉に蓄える種子。

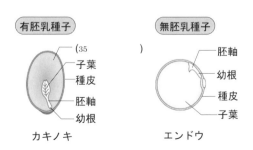

◆**果実の形成**

・胚珠の $_{36}$＿＿＿＿＿＿＿⇒$_{37}$＿＿＿＿＿＿＿

・子房壁⇒$_{38}$＿＿＿＿＿＿＿になり，子房内の種子とともに$_{39}$＿＿＿＿＿＿＿を形成。

・果実は，受精によって合成される$_{40}$＿＿＿＿＿＿＿＿＿＿＿や$_{41}$＿＿＿＿＿＿＿＿＿＿＿が子房に作用して

　形成される。

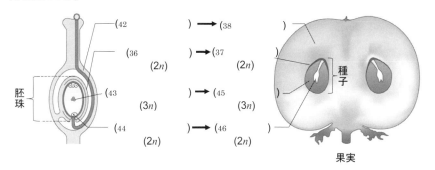

◆**果実の成熟と落果**

種子が成熟するころ，果実からの$_{47}$＿＿＿＿＿＿＿＿の

放出が増え，果実の成熟が促進される。

→エチレンによって$_{48}$＿＿＿＿＿＿＿の形成が促進され，

果実が脱落する。

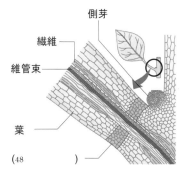

離層の部分では細胞が小さく，繊維がみ
られない。エチレンは離層の形成を促進
し，オーキシンは離層の形成を抑制する。

Q 種子や果実はどのように形成されるだろうか？

・　受精卵は子葉・幼芽・胚軸・幼根をそなえた$_{49}$＿＿＿＿＿＿＿となる。種子には，胚乳に
　栄養分が蓄えられる$_{50}$＿＿＿＿＿＿＿＿種子と，胚乳が退化し，栄養分が子葉に蓄えら
　れる$_{51}$＿＿＿＿＿＿＿種子がある。

・　胚が完成するころ，胚珠の珠皮が$_{52}$＿＿＿＿＿＿，胚珠を包む子房壁が$_{53}$＿＿＿＿＿＿と
　なり，種子とともに$_{54}$＿＿＿＿＿＿を形成する。

1 個体群とその性質　p.234〜241

月　　日

検印欄

◤ A ◢ 個体群とは

・1＿＿＿＿＿＿＿＿＿：一定の地域で生活している 2＿＿＿＿＿＿＿＿の個体の集まり。

◆個体群内の個体の分布

・3＿＿＿＿＿＿＿＿分布：個体が集中して分布している。

・4＿＿＿＿＿＿＿＿分布：一定の間隔をおいて分布している。

・5＿＿＿＿＿＿＿＿＿＿分布：規則性がなく分布している。

3＿＿＿＿＿＿＿＿分布

4＿＿＿＿＿＿＿＿分布

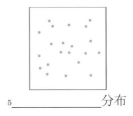

5＿＿＿＿＿＿＿＿＿＿分布

◆個体群の大きさと個体群密度

・個体群の大きさ：ある個体群内の個体の 6＿＿＿＿＿＿＿＿。

・7＿＿＿＿＿＿＿＿＿＿：一定空間あたりの個体数。

◆個体群の調査法

・8＿＿＿＿＿＿＿＿：一定の面積の区画をいくつかつくり，その中の個体数を調べ，そこから生息域

全体の個体数を推定する方法。植物などのあまり移動しない生物に用いられる。

・9＿＿＿＿＿＿＿＿＿：生息地域内を活発に移動する生物に用いられる。

① ある個体群から一定数の個体を捕獲，標識する。

② 標識個体をもとの集団に戻す。

③ 戻した個体が十分移動したあと，再び一定数の個体を捕獲（再捕獲）する。

$$全個体数 \ = \ \frac{再捕獲した個体数}{再捕獲した標識個体数} \ \times \ 戻した標識個体数$$

Q 個体群とは

10＿＿＿＿＿＿＿で生活している 11＿＿＿＿＿＿の個体の集まりのこと。

◤ B ◢ 個体群の個体数はどのように変化するだろうか？

個体群の成長：個体群の大きさが時間とともに増加すること。

　→12＿＿＿＿＿＿＿：個体群の成長のようすをグラフに表したもの。

実験　ウキクサ個体群の成長
結果例

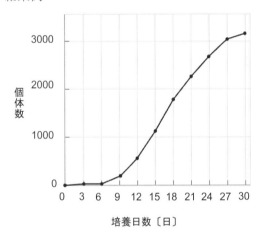

3日間の増殖率は，測定日の葉状体数を前回測定日の葉状体数で割ると求められる。増殖率と密度の関係を参考にして，なぜこのような成長曲線がかけたのか，理由を考える。

●Memo●

◆出生と死亡

13＿＿＿＿＿＿＿：個体群の増加数を，雌 1 個体あたりの
数値に換算したもの。

14＿＿＿＿＿＿＿＿：ある環境下で特定の種が存在でき
る最大の個体数。

15＿＿＿＿＿＿：生活場所や食物など，個体の生存や個体
数の増加に役立つもの。

問 23 個体群の成長について，次のキーワードを用いて説明しなさい。
　　　（個体数，個体群密度，資源）

◆密度効果

・16＿＿＿＿＿＿＿：個体群密度によって，個体の発育速度や形態・行動などが変化したり，個体
群の成長や増殖率などに影響が現れたりすること。

・17＿＿＿＿＿＿＿：同種の個体間で，食物などの資源をめぐって起こる競争のこと。

●Memo●

【増殖に対する密度効果】

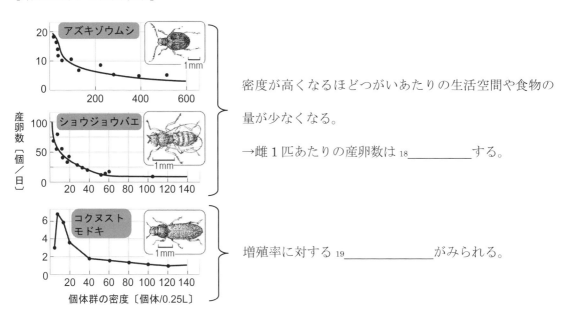

密度が高くなるほどつがいあたりの生活空間や食物の量が少なくなる。

→雌1匹あたりの産卵数は 18＿＿＿＿＿＿＿する。

増殖率に対する 19＿＿＿＿＿＿＿がみられる。

低密度の環境では，密度が増加するにつれて交尾頻度が増加するため，増殖率が上がることもある。これを 20＿＿＿＿＿＿＿という。

●Memo●

【植物の密度効果】

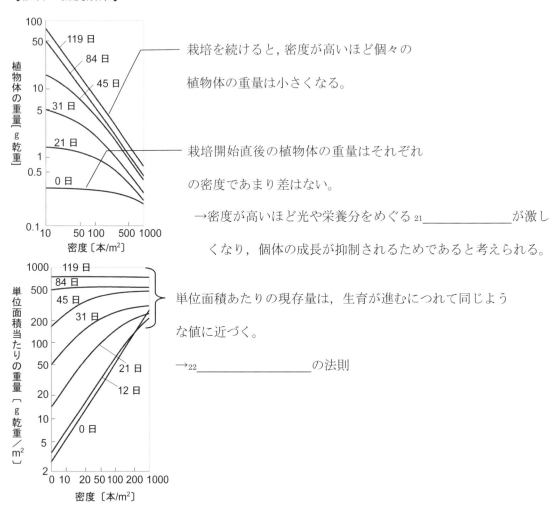

栽培を続けると, 密度が高いほど個々の

植物体の重量は小さくなる。

栽培開始直後の植物体の重量はそれぞれ

の密度であまり差はない。

→密度が高いほど光や栄養分をめぐる 21＿＿＿＿＿＿＿＿＿が激し

くなり, 個体の成長が抑制されるためであると考えられる。

単位面積あたりの現存量は, 生育が進むにつれて同じよう

な値に近づく。

→22＿＿＿＿＿＿＿＿＿＿の法則

【動物の密度効果】

動物の個体が過密になったとき, 個体は移動することでその影響を避けるという現象がみられる。

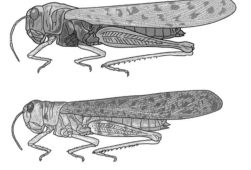

トノサマバッタの場合

孤独相：23＿＿＿＿＿＿＿でみられる個体。

体色が緑色か淡褐色。

群生相：24＿＿＿＿＿＿＿でみられる個体。

体色が黒く, 移動に適した形態。

25＿＿＿＿＿＿＿：個体群密度により, 形態や行動などが変化する現象。

Q 個体群の個体数はどのように変化するだろうか？

ウキクサやショウジョウバエの個体群を一定空間で実験的に成長させた場合，26＿＿＿字状の成長曲線となる。これは，生活場所や食物をめぐる競争，老廃物の蓄積などの生活環境の悪化などの影響で 27＿＿＿＿＿＿＿が低下し，個体群の成長が抑えられるためで，このような 28＿＿＿＿＿＿＿＿によって個体の発育速度や形態・行動などが変化したり，個体群の成長や 29＿＿＿＿＿＿＿などに影響が現れたりすることを 30＿＿＿＿＿＿＿という。

●Memo●

◤ C ◢ 個体数の変化に影響する要因にはどのようなものがあるだろうか？

◆生命表と生存曲線

・31＿＿＿＿＿＿＿＿＿：一定数の卵や子が，発育の各段階でどれだけ生存し，また，死亡しているかをまとめた表。

・32＿＿＿＿＿＿＿＿＿：31＿＿＿＿＿＿＿＿に示された数値のうち，生存数の変化だけをグラフにかいたもの。

(a)親の保護があり，産子数が 34＿＿＿＿＿＿＿初期死亡率が 35＿＿＿＿＿＿。（哺乳類）

(b)初期死亡率が高いが全体としてほぼ一定である。（鳥類やは虫類）

(c)産卵数が 36＿＿＿＿＿，初期死亡率が 37＿＿＿＿＿。（海産無脊椎動物など）

●Memo●

◆齢構成

・38＿＿＿＿＿＿＿＿＿＿：個体群を発育段階ごとの個体数，または割合で示したもの。

・39＿＿＿＿＿＿＿＿＿＿＿＿＿：齢構成を，若い順に下から積み上げ，図示したもの。

40＿＿＿＿＿型	安定型	41＿＿＿＿＿型

生殖期以降

生殖期

生殖期以前

42＿＿＿＿＿＿＿が高く，若齢個体の割合が多い。成長をしている個体群。

幼若型より 42＿＿＿＿＿＿＿が低く，各齢の死亡率がほぼ一定で低い個体群。

42＿＿＿＿＿＿＿が低く，若齢個体の割合が少ない。衰退している個体群。

Q 個体数の変化に影響する要因にはどのようなものがあるだろうか？

個体数の変化には，43＿＿＿＿＿＿＿と 44＿＿＿＿＿＿＿が影響する。個体群の年齢ピラミッドをかき，45＿＿＿＿＿＿＿を明らかにすることと，個体群の推移（成長，衰退など）を予測することができる。

●Memo●

2 個体群内の相互作用 p.242～246

月　　日

検印欄

A 個体群内にはどのような関係がみられるか？

◆群れ

…多数の動物個体がつくる１つの集団。

食物を獲得する効率を高くしたり，1＿＿＿＿＿＿＿や 2＿＿＿＿＿活動を容易にしたりすることなどに役立っている。

・群れの大きさ

…周囲の環境や，群れをつくることによる 3＿＿＿＿＿と 4＿＿＿＿＿の関係で決まると考えられている。

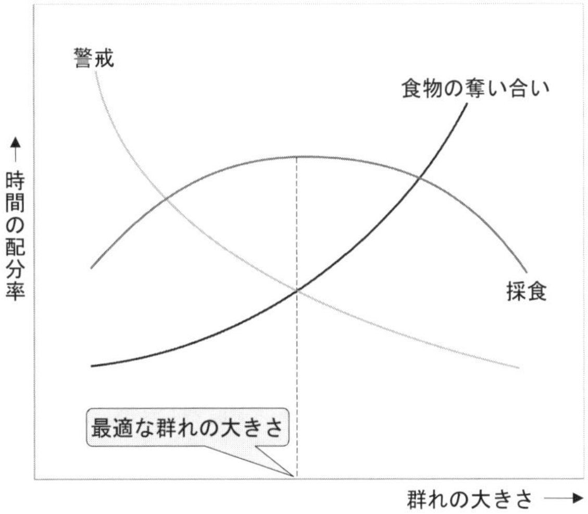

◆順位制

・順位：群れの内部で個体間に生じる上下の序列のこと。順位によって交尾や食物や生育場所を占める優先度が個体によって変化する。

・5＿＿＿＿＿＿：順位があることによって，群れの秩序が保たれる。群れを維持するしくみの１つ。

※鳥類や哺乳類などの脊椎動物以外に，節足動物のハチやアリなどでも知られている。

●Memo●

◆縄張り

・縄張り：同種の他個体を排除し占有する一定の空間。

縄張りがある期間は，食物や配偶者などを求めての激しい 6＿＿＿＿＿＿＿を避けることができる。

オオカミ，アユなどで知られている。個体群を維持するしくみの１つ。

《縄張りの大きさ》

縄張りから得られる 7＿＿＿＿＿と，縄張りを維持する 8＿＿＿＿＿の差が最大となるときの縄張りの大きさが最適であるといえる。

問 24 縄張りとその大きさについて，次のキーワードを用いて説明しなさい。
　　　（食物，空間，防衛）

Q　　　個体群内にはどのような関係がみられるか？

多数の動物個体で１つの集団をつくる 9＿＿＿＿＿，個体間の上下の順位を決定し，激しい争いを回避する 10＿＿＿＿＿，食物や配偶者などを求めての激しい 11＿＿＿＿＿を避けることができる 12＿＿＿＿＿などの関係性がみられる。

209

▰ B ▰ 繁殖における個体間の協力関係

◆つがい関係

13＿＿＿＿＿＿＿＿制…鳥類の多く。

　　　　子育てにおいて雌雄の協力が可能で，繁殖に有利。

14＿＿＿＿＿＿＿＿制…雄は，複数の雌と交配した方が自分の子を多く残すことができる。

　　　　子育てに対する雄の協力がほとんどみられない。

　　　　ハレム：1個体の雄が複数の雌と交配する集団。

◆共同繁殖

…3個体以上の成体がいっしょに子の世話を行うこと。

・15＿＿＿＿＿＿＿＿：共同繁殖に参加するつがい以外の成体。

　　　　世話をされている子の姉や兄であったり，おじやおばであったりする場合が多い。

　　　　ときには血縁関係にない成体の場合もある。

●Memo●

◆社会性昆虫

集団(コロニー)内での 16＿＿＿＿＿＿＿によってそのコロニーが維持されている昆虫のこと。

産卵

受精卵

ふ化

幼虫

王アリ　女王アリ

雄　　　雌

副王アリ　副女王アリ

女王アリ・王アリが死
ぬと生殖活動を行う

翅を落とした
有翅虫

有翅虫の
前段階の幼虫

ソルジャー　ワーカー

有翅虫
(翅をもつ成虫)　羽化

女王アリ，ソルジャー，ワーカーなどの分業した役割を 17＿＿＿＿＿＿＿という。

社会性昆虫には個体群の中に生殖しない 17＿＿＿＿＿＿＿があり，生殖する女王アリや王アリを

助けることでコロニーを維持している。

●Memo●

211

3 異種個体群間の相互作用 p.247〜252

月　　日

検印欄

▶ A ◀ 異種の個体群間にどのような関係がみられるのだろうか？

・₁＿＿＿＿＿＿＿＿：ある一定の場所に生活する異なる種の個体群の集まり。

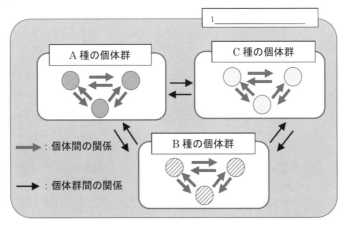

・₂＿＿＿＿＿＿＿＿＿＿：生物群集を構成している個体群どうしのさまざまな関係。

　₃＿＿＿＿＿と ₄＿＿＿＿＿の関係

　　（₃＿＿＿＿＿…動物に食べられる。　₄＿＿＿＿＿…動物が食物を食べる。）

　₅＿＿＿＿＿＿＿＿…資源を奪い合う。

●Memo●

p.247 の実験Iでは，レモンを食物とするコウノシロハダニ（被食者）とそれを捕食するカブリダニ（捕食者）は，いずれも絶滅してしまったが，p.248 の実験IIでは，被食者だけが通れる通路でレモンどうしをつないだり，被食者の移動を助けるために扇風機を回して風を送ったりした結果，8か月もの間両者は共存し，その間に捕食者と被食者の増減に周期性がみられた。

なぜ，このような結果になったのか，理由を考えてみよう。

●Memo●

◆被食と捕食の関係

捕食者が特定の被食者を捕食する場合，被食者と捕食者の個体数は6＿＿＿＿＿＿に変動する。

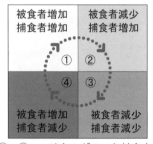

①，②，…は右のグラフと対応する。

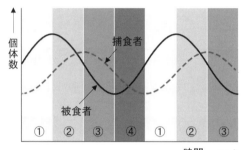

・自然界では，被食者は捕食者から逃れたり身を隠したりすることができるため，両者は共存する。

・自然界では，捕食者の種類によっては特定の被食者のみでなく，さまざまな生物を捕食することがあるため，図のようには変動しない。

◆種間的競争

・種間競争：2種の個体群の間で，食物や生活空間などの7＿＿＿＿＿を求めて起こる争い。

【競争的排除】

(a)

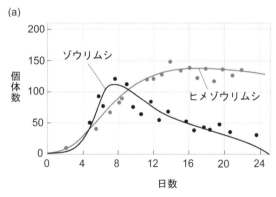

ヒメゾウリムシとゾウリムシは，両種とも細菌を食物とするので，混合して飼育すると8＿＿＿＿＿＿が激しくなり，一方の種がやがて絶滅する。

9＿＿＿＿＿＿＿：種間競争によって一方の種が他方の種を駆逐すること。

●Memo●

214

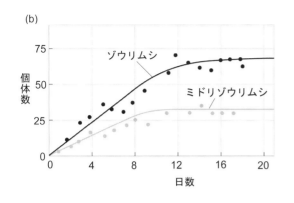

ミドリゾウリムシは光合成をすることができるため，両種の生活上の要求が微妙に異なり，9＿＿＿＿＿＿＿に至らない。

【植物の種間競争】

ソバとヤエナリを単植した場合と混植した場合の乾燥重量を比較する。

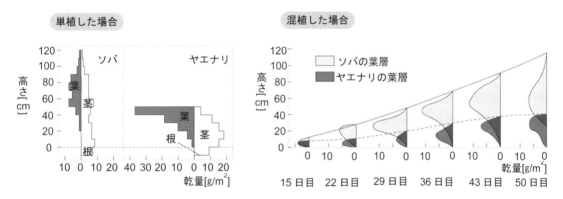

ソバ…混植しても単植したときとほぼ同じ乾燥重量となる。

ヤエナリ…混植すると単植したときと比べ乾燥重量が減少する。

→光をめぐる 8＿＿＿＿＿＿＿が起き，草丈の低いヤエナリがソバの陰となって光を受けられなくなり，光合成量が低下するため。

Q 異種の個体群間でどのような関係がみられるのだろうか？

ある一定の場所に生活する異なる種の個体群の集まりを 10＿＿＿＿＿＿＿といい，11＿＿＿＿＿＿＿を構成している個体群どうしの種間相互作用には，12＿＿＿＿＿と 13＿＿＿＿＿の関係や，資源を奪い合う 14＿＿＿＿＿＿＿などがある。

●Memo●

◣ B ◥ 生物群集において，生物が共存できるしくみ

◆生態的地位

・15＿＿＿＿＿＿＿（16＿＿＿＿＿＿）：生物群集内の特定の個体群の生息場所や資源の利用のしか

たなどの生態的役割のこと。

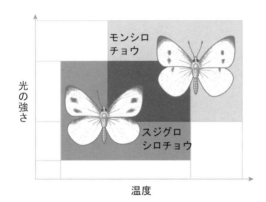

モンシロチョウとスジグロシロチョウは，生活場所や幼虫の食物が同じで，生態的地位が似ているが，それぞれ好む温度や明るさが微妙に異なっていて，17＿＿＿＿＿＿＿が緩和されている。

◆生態的地位の変化と共存

・18＿＿＿＿＿＿＿：生態的地位の似ている2種が，生活空間を変えて共存すること。

・21＿＿＿＿＿＿＿：生態的地位の似る2種が，食物を変えて共存すること。

・19＿＿＿＿＿＿＿：1種だけが単独で分布している場合の生態的地位。

20＿＿＿＿＿＿＿：他種と共存したときに変化した生態的地位。

◆相利共生と片利共生

・22＿＿＿＿＿＿＿：両方が利益を得る共生（例）根粒菌とマメ科植物。

・23＿＿＿＿＿＿＿：一方が利益を得て，他方が利益も不利益も受けない共生。

（例）カクレウオとナマコ

問 25 相利共生と片利共生について，次のキーワードを用いて説明しなさい。
（利益，不利益）

1 生態系の物質生産　p.254〜260

月　　日　　検印欄

◤ A ◥ 生態系において物質はどう生産されているか？

生態系：そこにすむ 1＿＿＿＿＿＿＿＿と，それらを取り巻く 2＿＿＿＿＿＿＿＿＿＿を１つのシステ

ムとしてとらえたもの。

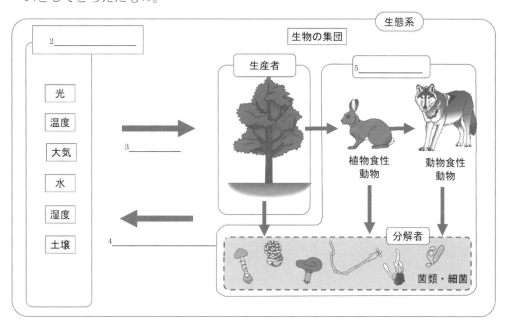

・生産者：生態系における 6＿＿＿＿＿＿＿＿＿＿。

　　　　　植物はなどは 7＿＿＿＿＿＿＿により無機物から有機物を生産する。

・5＿＿＿＿＿＿＿：生態系における従属栄養生物。

　→生産者が生産した有機物とそのエネルギーは，食物連鎖を通して 5＿＿＿＿＿＿へと移動する。

・8＿＿＿＿＿＿＿…生産者，一次消費者，二次消費者など，食物連鎖のそれぞれの段階。

・分解者：有機物を無機物まで分解する過程にかかわる消費者。

◆物質生産

　…生産者が 9＿＿＿＿＿＿から 10＿＿＿＿＿＿を生産すること。

◆生産構造

・植物の器官

　　11_____器官…光合成を行う葉など。

　　12_____器官…光合成をほとんど行わない茎・花・果実・根など。

・生産構造：11_____器官と 12_____器官の垂直的な分布。

13_____

（1）一定面積における植生の 14_____ごとの相対的な明るさ（相対照度）を測定する。

（2）植生を上から何層かに切り分け，各層にある同化器官と非同化器官の乾燥重量を測定する。

　　→15_____：13_____で得られた結果をまとめた図。

広葉型

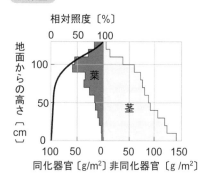

・広い葉が水平につき，同化器官が植物体の上層に

　多く分布する。

・光が上層でさえぎられるため，光合成はおもに上

　層で行われる。

イネ科型

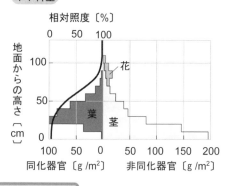

・細長い葉が斜めに立ち，下層に同化器官が多い。

・光が地面近くまで入るため，中層や下層でも光合

　成が行われる。

●Memo●

218

Q 生態系において物質はどう生産されているか？

生産者である植物は，16＿＿＿＿＿＿によって無機物である二酸化炭素と水から有機物を生産している。生産者が生産した有機物とそのエネルギーは 17＿＿＿＿＿＿を通して消費者へと移動し，やがて生産者が再び利用できる無機物まで分解される。

●Memo●

◤ B ◢ 生態系内の物質収支はどのようになっているのだろうか？

◆ 生産者の物質収支

・18＿＿＿＿＿＿＿＿：一定面積・一定時間に，生産者が生産した有機物の総量。

・呼吸量：一定時間に呼吸により消費される有機物の量。

・19＿＿＿＿＿＿＿＝18＿＿＿＿＿＿＿－ 呼吸量

・枯死量：19＿＿＿＿＿＿＿のうち，枯れて脱落する量。

・被食量：19＿＿＿＿＿＿＿のうち，一次消費者に捕食された量。

・20＿＿＿＿＿＿＝19＿＿＿＿＿＿＿－（枯死量＋被食量）

・一定時間後の現存量＝最初の時点での現存量＋成長量

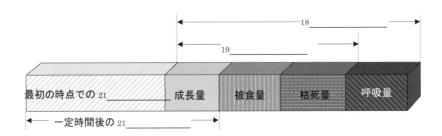

◆ 消費者の物質収支

・22＿＿＿＿＿＿＿：一定面積・一定時間に消費者が摂食した量。

・不消化排出量：摂食したうち，消化されずに排出された量。

・23＿＿＿＿＿＿＝22＿＿＿＿＿＿＿－ 不消化排出量

・24＿＿＿＿＿＿＝23＿＿＿＿＿＿＿－ 呼吸量

・消費者の成長量＝24＿＿＿＿＿＿－（死亡・脱落量＋被食量）

●Memo●

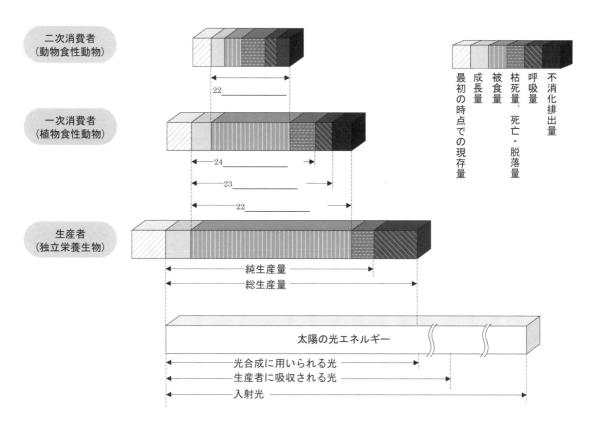

二次消費者
(動物食性動物)

一次消費者
(植物食性動物)

生産者
(独立栄養生物)

22_____

24_____
23_____
22_____

純生産量
総生産量

最初の時点での現存量
成長量
被食量
枯死量，死亡・脱落量
呼吸量
不消化排出量

太陽の光エネルギー
光合成に用いられる光
生産者に吸収される光
入射光

Q 生態系内の物質収支はどのようになっているのだろうか？

生産者が光合成などによって生産した有機物の総量を 25_____ といい，26_____ から 27_____ を引いた値が純生産量となる。生産者の 28_____ は，純生産量から枯死量と被食量を引いた量として表される。

消費者の 29_____ は，摂食量から 30_____ を引いた量であり，生産量は 31_____ から 32_____ を引いた量となる。消費者の 33_____ は，生産量から死亡・脱落量，被食量を引いた量である。

●Memo●

◤ C ◢ 生態系によって物質生産にどのような違いがあるだろうか？

◆陸上生態系の物質生産

34＿＿＿＿＿＿＿の現存量：他の生態系に比べて大きく，地球全体

　の現存量の大部分を占めている。

→樹木には，太い幹や多くの枝，大量の葉が存在するため。

湿地・湖沼・河川　30.1
耕地　14.0　　　　　　　浅海　2.9
荒原　18.5　　　　　　　外洋　1.0
サバンナ・
温帯イネ科草原
74.0
北方
針葉樹
低木林　温帯林　熱帯林
290.0　385.0　1025.0

図　地球全体の生産者現存量
(単位：10^{12}kg)

地球全体　1840.5

陸上生態系の純生産量は，35＿＿＿＿＿＿＿と 36＿＿＿＿＿＿の影響を受ける。

→高地や乾燥地を除き，緯度が 37＿＿＿＿＿ほど一定面積あたりの純生産量は大きい。

◆海洋生態系の物質生産

・一定面積あたりでみた場合，海洋生態系の現存量は 38＿＿＿＿＿＿＿。

・藻場とサンゴ礁の純生産量は大きい　→熱帯林と同程度かそれ以上の値を示す場合もある。

・外洋における一定面積あたりの純生産量は小さいが，面積が広いため，海洋全体では熱帯林の

　純生産量より大きい。

・海洋生態系における光合成による物質生産：39＿＿＿＿＿＿＿までの表層で行われる。

　　　39＿＿＿＿＿＿：生産者の光合成速度と呼吸速度がつり合っている水深。

・海洋生態系における 40＿＿＿＿＿＿の量：海底へ沈降することで表層から失われる。

　　　40＿＿＿＿＿＿が多い場所：河川が流れ込む 41＿＿＿＿＿＿。

　　　　　　　　　　　42＿＿＿＿＿＿によって上昇してくる海域。

　　　→生産者の純生産量が多い場所は，緯度とあまり関係がない。

●Memo●

....

....

....

◆陸上・海洋生態系の物質生産の比較

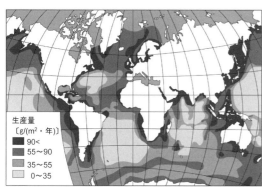

生産量
〔g/(m²・年)〕
■ 800<
■ 600〜800
■ 400〜600
■ 200〜400
□ 100〜200
□ 0〜100

陸上生態系

・純生産量の分布パターンはおもに 43＿＿＿＿＿に
　影響され，基本的に緯度に従っている。

・標高が 44＿＿＿＿＿地域は気温が低いため，純生
　産量が 45＿＿＿＿＿。

・降水量が 46＿＿＿＿＿地域は純生産量が少ない。

生産量
〔g/(m²・年)〕
■ 90<
■ 55〜90
■ 35〜55
□ 0〜35

海洋生態系

・純生産量の分布パターンは緯度とは 47＿＿＿＿
　＿＿＿。

・48＿＿＿＿＿で大きい傾向がある。

→49＿＿＿＿＿＿＿が河川を通して供給されるた

Q 　生態系によって物質生産にどのような違いがあるだろうか？

陸上生態系の純生産量は 50＿＿＿＿＿と 51＿＿＿＿＿の影響を受けるため，高地や乾
燥地を除き，緯度が 52＿＿＿＿＿ほど純生産量が大きい。一方，海洋生態系の純生産量
は緯度とは無関係で，53＿＿＿＿＿＿が河川から供給される浅海で大きい傾向がある。

●Memo●

223

2 物質循環とエネルギーの流れ p.261〜265

月　　　日　　　検印欄

▶ A ◀ 物質は生態系内をどのように循環しているのだろうか?

1＿＿＿＿＿＿＿＿：生物を構成する物質が，生態系内を循環すること。

◆炭素循環

・炭素は，大気中では 2＿＿＿＿＿＿＿＿として存在する。

・3＿＿＿＿＿＿によって植物に吸収され，有機物となる。その後 4＿＿＿＿＿＿＿を通して消費

　者に移動する。有機物の一部は生産者や消費者の 5＿＿＿＿＿によって二酸化炭素に分解され，

　大気中に戻る。

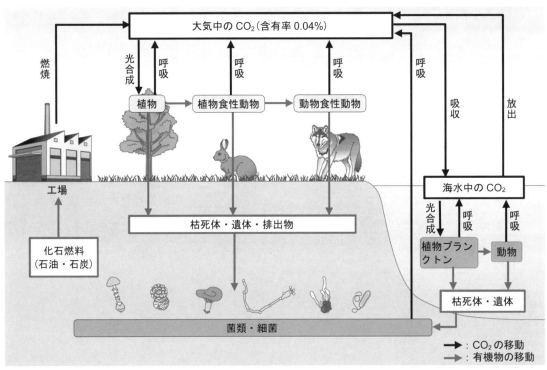

●Memo●

◆窒素循環

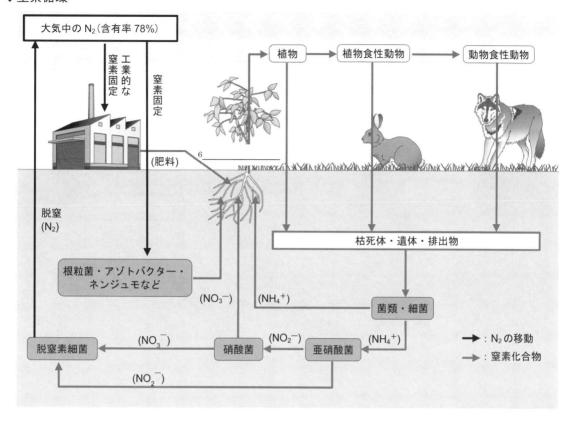

・6＿＿＿＿＿＿：体外から取り入れた無機窒素化合物をもとに有機窒素化合物を合成する働き。

　植物は根から硝酸イオン(NO_3^-)やアンモニウムイオン(NH_4^+)を吸収してアミノ酸を合成し，さ

　らにタンパク質や核酸を合成する。

・7＿＿＿＿…8＿＿＿＿＿による，NH_4^+を亜硝酸イオン（NO_2^-）を経て9＿＿＿＿にかえる作用。

●Memo●

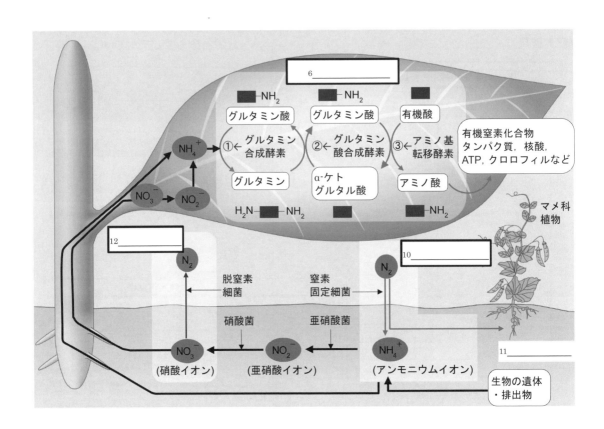

◆窒素固定と脱窒

・10＿＿＿＿＿＿＿＿＿：大気中の窒素から，NH_4^+ を合成する働き。

　　ある種の細菌（アゾトバクターやクロストリジウム）

　　マメ科植物の根に共生する 11＿＿＿＿＿＿

　　一部のシアノバクテリア（ネンジュモなど）

・12＿＿＿＿＿＿：脱窒素細菌が土壌中の一部の NO_3^- などを窒素にかえ，大気中に戻す働き。

問 26 窒素循環について，次のキーワードを用いて説明しなさい。
　　（有機窒素化合物，硝酸イオン，食物連鎖）

炭素は，大気中でおもに 13＿＿＿＿＿＿＿として存在している。植物は 14＿＿＿＿＿に

よって CO_2 から有機物を合成し，有機物中の炭素は 15＿＿＿＿＿を通して移動する。

有機物中の炭素は生物の 16＿＿＿＿によって CO_2 に分解され，大気中に戻る。

植物は，17＿＿＿＿＿を行い，無機窒素化合物をもとに有機窒素化合物を合成する。

動物は，植物が合成した有機窒素化合物を直接または間接的に取り入れている。枯死体・

遺体・排出物に含まれる有機窒素化合物は菌類・細菌によって分解されて NH_4^+ になり，

18＿＿＿＿＿によって NO_3^- にかえられ，再び植物に利用される。

●Memo●

▰ B ▰ 生態系でエネルギーはどのように移動するのだろうか？

◆エネルギーの流れ

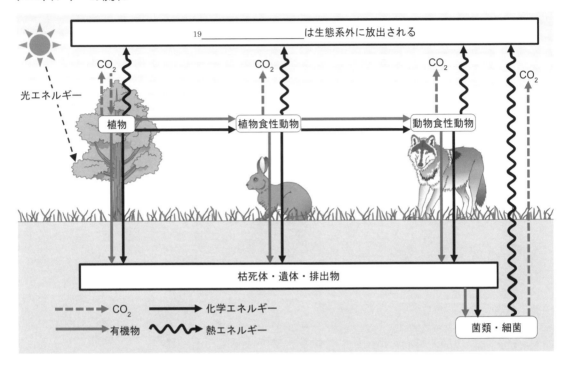

・有機物中の炭素…CO_2 となって大気中に戻る。

・エネルギー…19＿＿＿＿＿＿＿＿として生態系外に放出される。

　　→炭素と異なり生態系内を循環することはない。

●Memo●

228

◆エネルギー効率

・20＿＿＿＿＿＿＿＿＿＿＿：食物連鎖において，前の栄養段階がもつエネルギーのうち，その栄養段
階が利用したエネルギーの割合。

$$生産者のエネルギー効率（\%）= \frac{21\underline{}}{太陽からのエネルギー量} \times 100$$

$$消費者のエネルギー効率（\%）= \frac{その栄養段階の 22\underline{}}{1つ前の栄養段階の同化量} \times 100$$

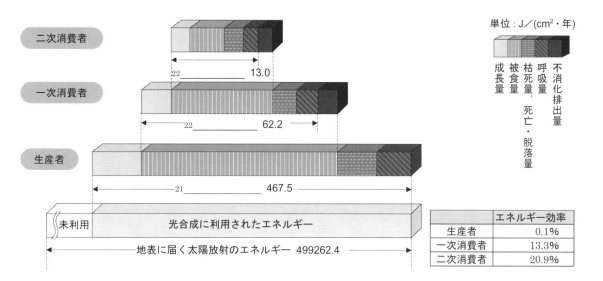

単位：J／(cm²・年)

	エネルギー効率
生産者	0.1%
一次消費者	13.3%
二次消費者	20.9%

◆エネルギーと生態ピラミッド

生産者・消費者の生産量

…一定時間・一定面積（体積）あたりに生産された生物体の乾燥重量で表されたり，23＿＿＿＿＿＿
＿＿＿＿＿＿＿などのエネルギーの単位に換算して表されたりする。

生産量でつくった 24＿＿＿＿＿＿＿＿＿＿＿＿＿

…生産量は栄養段階が上位のものほど少なくなり，逆転することはない。

Q 　生態系でエネルギーはどのように移動するのだろうか？

生産者は太陽の 25＿＿＿＿＿エネルギーを利用して有機物中に 26＿＿＿＿＿エネルギーを
蓄える。27＿＿＿＿＿＿＿＿＿＿によってエネルギーの一部が有機物とともに消費者に移動
し，各栄養段階の生命活動に利用され，最終的に有機物中のエネルギーは 28＿＿＿＿＿エ
ネルギーとして生態系外に放出される。

3　生態系と人間生活　p.266〜272　　　月　　日

◤ A ◢　生物多様性とは何だろうか？

◆生物多様性のとらえ方

生物多様性：生物にみられるさまざまな違いや複雑さ。

・1＿＿＿＿＿の多様性：生態系における生物種の多様さ。

・2＿＿＿＿＿＿多様性：同一種内における遺伝子の多様さ。

・3＿＿＿＿＿＿の多様性：ある一定の空間での生態系の多様さ。

◆生物多様性の重要性

種の多様性が高い生態系…食物網が複雑になり，栄養段階が多段階に発達する。

　→環境の変動や4＿＿＿＿＿＿に対する安定性も高いと考えられている。

遺伝的多様性が高い生態系

　→生息環境が変化した際に，その変化に対応できる5＿＿＿＿＿をもつ個体が存在し，個体数の

　　減少を抑えられる可能性が高くなる。

多様な生態系が存在する…複数の生態系にまたがって生活するものもあり，生態系は生物や物質

　の移動を通して互いに関係性をもっている。

問 27　生物多様性について，次のキーワードを用いて説明しなさい。
（種の多様性，遺伝的多様性，生態系の多様性）

Q 生物多様性とは何だろうか？

> 生物にみられるさまざまな違いや複雑さを生物多様性といい，生態系における生物種
> の多様さである 6_____ の多様性，同一種内における 7_____ の多様さであ
> る遺伝的多様性，ある一定の空間での生態系の多様さである 8_____ の多様性
> の３つのとらえ方がある。

◢ B ◢ 生物多様性はどのように維持されているのだろうか？

◆かく乱

・かく乱：既存の生態系やその一部を 9_____ からの力によって破壊すること。

（例）噴火・山崩れ，河川の氾濫，森林の伐採など

　→生態系では，かく乱と再生が繰り返されることで，生物多様性が維持されている。

◆中規模かく乱説

かく乱が 10_____ の場合，より多くの種が共存し，種の多様性が大きくなる，という考え方。

●Memo●

◆◆◆Challenge◆◆◆～サンゴの種数とかく乱～

・サンゴの被度と種数の関係

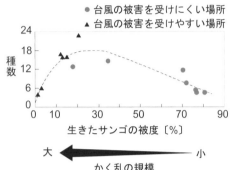

生きたサンゴの被度が 20～30%である中規模のかく乱が起きる場所で, サンゴの種数が最大となる。

(1)台風の被害を受けにくい場所で, なぜサンゴの種数が少なくなるのだろうか。

(2)台風の被害を受けやすい場所でも種数が少なくなるのはなぜだろうか。

Q　生物多様性はどのように維持されているのだろうか?

既存の生態系やその一部を外部からの力によって破壊することを 11_____といい, 生態系では, 11_____と再生が繰り返されることで, 生物多様性が維持されている。かく乱が 12_____の場合, より多くの種が共存し, 種の多様性が高くなる。

●Memo●

人間活動は生態系や生物多様性にどのような影響を及ぼすか?

図 25 は,生態系における人間の活動を示している。人間の活動が,生態系にどのような影響を与えているのか考えてみよう。

（空欄の枠）

◆人間活動によって進む富栄養化

河川から海洋に流れ込む窒素化合物などの 13＿＿＿＿＿＿＿…植物プランクトンの栄養分となる。

　　14＿＿＿＿＿＿＿：河川や湖沼,海洋などの水域において 13＿＿＿＿＿＿＿の濃度が高くなること。

人間活動によって窒素化合物などが多く河川に流出する。

　↓

急速に過度の 14＿＿＿＿＿＿＿が進む。

　↓

植物プランクトンの増加やそれに伴う水質汚染,溶存酸素濃度の低下などを引き起こす。

◆大気中の二酸化炭素の増加と地球温暖化

・二酸化炭素などの温室効果ガスが大気中で増加することで,15＿＿＿＿＿＿＿が進む。

・15＿＿＿＿＿＿＿の影響：暖かい地域の生物がより生息域を広げる。

　　　　　　　　　　高山などの寒い地域の生物がその生息地を失ったりする。

◆生物への影響

【生息地の減少と分断】

・大規模に森林を破壊すると，そこに生息する生物はすみかを失うことになる。

・生息地が小さな生息地に分断されると，16_____が孤立し，個体数も減少する。

　→このような過程が繰り返されると，17_____多様性が低下し，その個体群が絶滅する可

　　能性がある。

◆乱獲

・野生生物は皮革・医薬品など商業用途で利用するために乱獲されることがある。

・保護区を設けても密漁が行われる例もある。

→個体数が減少し，絶滅につながる恐れがある。

Q 　　　　人間活動は生態系や生物多様性にどのような影響を及ぼすか？

・人間活動によって窒素化合物などが河川に流出し，急速に過度の 18_____が

　進み，河川生態系や湖沼生態系，海洋生態系に影響を与えることがある。

・化石燃料の大量消費で二酸化炭素などの 19_____が増加し，地球温暖

　化が進むことで生物の生息地に大きな影響を与えることが予想される。

・道路や宅地の造成などによって生物の生息地が 20_____化され，個体群が小さく

　なることで遺伝的多様性が低下する。

・21_____によって個体数が減少する。

●Memo●

◤ D ◢ 生態系の保全

◆生物多様性と種の保全

- 22＿＿＿＿＿＿＿＿＿＿：野生生物のうち，絶滅が心配される生物種。

- 生物多様性の保全のために，絶滅危惧種の生息地を保護区として設定することや，生息地と生息地を結ぶ生物の移動経路として，23＿＿＿＿＿＿＿＿＿＿（生態的コリドー）を確保することが必要である。

- 局地的に絶滅した種については，人工飼育をした個体を 24＿＿＿＿＿＿＿＿＿させるなどの対策を行っている。

●Memo●

年　　組　　番　名前

　各単元の学習を通して，学習内容に対して，どのくらい理解できたか，どのくらい粘り強く学習に取り組めたか，○をつけてふり返ってみよう。また，学習を終えて，さらに理解を深めたいことや興味をもったこと，学習のすすめ方で工夫していきたいことなどを書いてみよう。

●1章1節1項　最初の生物と初期の生物進化　（p.2）

○学習の理解度	○粘り強く取り組めたか	確認欄
できなかった　　できた 1　2　3　4　5	できなかった　　できた 1　2　3　4　5	
○学習後,さらに理解を深めたいことや興味をもったこと		

●1章2節1項　遺伝子の変化　（p.11）

○学習の理解度	○粘り強く取り組めたか	確認欄
できなかった　　できた 1　2　3　4　5	できなかった　　できた 1　2　3　4　5	
○学習後,さらに理解を深めたいことや興味をもったこと		

●1章2節2項　遺伝子の組合せの変化　（p.16）

○学習の理解度	○粘り強く取り組めたか	確認欄
できなかった　　できた 1　2　3　4　5	できなかった　　できた 1　2　3　4　5	
○学習後,さらに理解を深めたいことや興味をもったこと		

●1章2節3項　進化のしくみ（p.27）

○学習の理解度	○粘り強く取り組めたか	確認欄
できなかった　　できた 1　2　3　4　5	できなかった　　できた 1　2　3　4　5	
○学習後,さらに理解を深めたいことや興味をもったこと		

●1章3節1項　生物の系統と進化（p.36）

○学習の理解度	○粘り強く取り組めたか	確認欄
できなかった　　できた 1　2　3　4　5	できなかった　　できた 1　2　3　4　5	
○学習後,さらに理解を深めたいことや興味をもったこと		

●1章3節2項　人類の系統と進化（p.43）

○学習の理解度	○粘り強く取り組めたか	確認欄
できなかった　　できた 1　2　3　4　5	できなかった　　できた 1　2　3　4　5	
○学習後,さらに理解を深めたいことや興味をもったこと		

●2章1節1項　細胞を構成する物質（p.52）

○学習の理解度	○粘り強く取り組めたか	確認欄
できなかった　　できた 1　2　3　4　5	できなかった　　できた 1　2　3　4　5	
○学習後,さらに理解を深めたいことや興味をもったこと		

●2章1節2項　生体膜の働きと細胞（p.56）

○学習の理解度	○粘り強く取り組めたか	確認欄
できなかった　　できた 1　2　3　4　5	できなかった　　できた 1　2　3　4　5	
○学習後,さらに理解を深めたいことや興味をもったこと		

●2章2節1項　タンパク質の構造と機能（p.61）

○学習の理解度	○粘り強く取り組めたか	確認欄
できなかった　　できた 1　2　3　4　5	できなかった　　できた 1　2　3　4　5	
○学習後,さらに理解を深めたいことや興味をもったこと		

●2章2節2項　酵素として働くタンパク質（p.66）

○学習の理解度	○粘り強く取り組めたか	確認欄
できなかった　　できた 1　2　3　4　5	できなかった　　できた 1　2　3　4　5	
○学習後,さらに理解を深めたいことや興味をもったこと		

● 2章2節3項　物質の輸送や情報伝達に働くタンパク質(p.73)

○学習の理解度	○粘り強く取り組めたか	確認欄
できなかった　　　　できた **1　2　3　4　5**	できなかった　　　　できた **1　2　3　4　5**	

○学習後,さらに理解を深めたいことや興味をもったこと

● 2章3節1項　代謝(p.78)

○学習の理解度	○粘り強く取り組めたか	確認欄
できなかった　　　　できた **1　2　3　4　5**	できなかった　　　　できた **1　2　3　4　5**	

○学習後,さらに理解を深めたいことや興味をもったこと

● 2章3節2項　呼吸と発酵(p.80)

○学習の理解度	○粘り強く取り組めたか	確認欄
できなかった　　　　できた **1　2　3　4　5**	できなかった　　　　できた **1　2　3　4　5**	

○学習後,さらに理解を深めたいことや興味をもったこと

● 2章3節3項　光合成(p.90)

○学習の理解度	○粘り強く取り組めたか	確認欄
できなかった　　　　できた **1　2　3　4　5**	できなかった　　　　できた **1　2　3　4　5**	

○学習後,さらに理解を深めたいことや興味をもったこと

● 3章1節1項　DNA と染色体(p.96)

○学習の理解度	○粘り強く取り組めたか	確認欄
できなかった　　　　できた **1　2　3　4　5**	できなかった　　　　できた **1　2　3　4　5**	

○学習後,さらに理解を深めたいことや興味をもったこと

● 3章1節2項　DNA の複製(p.99)

○学習の理解度	○粘り強く取り組めたか	確認欄
できなかった　　　　できた **1　2　3　4　5**	できなかった　　　　できた **1　2　3　4　5**	

○学習後,さらに理解を深めたいことや興味をもったこと

● 3章1節3項　遺伝子の発現(p.103)

○学習の理解度	○粘り強く取り組めたか	確認欄
できなかった　　　　できた **1　2　3　4　5**	できなかった　　　　できた **1　2　3　4　5**	

○学習後,さらに理解を深めたいことや興味をもったこと

● 3章1節4項　遺伝子の発現調節(p.110)

○学習の理解度	○粘り強く取り組めたか	確認欄
できなかった　　　　できた **1　2　3　4　5**	できなかった　　　　できた **1　2　3　4　5**	

○学習後,さらに理解を深めたいことや興味をもったこと

● 3章2節1項　動物の配偶子形成と受精(p.118)

○学習の理解度	○粘り強く取り組めたか	確認欄
できなかった　　　　できた **1　2　3　4　5**	できなかった　　　　できた **1　2　3　4　5**	

○学習後,さらに理解を深めたいことや興味をもったこと

● 3章2節2項　初期発生の過程(p.122)

○学習の理解度	○粘り強く取り組めたか	確認欄
できなかった　　　　できた **1　2　3　4　5**	できなかった　　　　できた **1　2　3　4　5**	

○学習後,さらに理解を深めたいことや興味をもったこと

● 3章2節3項　発生のしくみと遺伝子発現(p.128)

○学習の理解度	○粘り強く取り組めたか	確認欄
できなかった　　　　できた **1　2　3　4　5**	できなかった　　　　できた **1　2　3　4　5**	

○学習後,さらに理解を深めたいことや興味をもったこと

● 3章2節4項　形態形成と遺伝子の発現調節(p.133)

○学習の理解度	○粘り強く取り組めたか	確認欄
できなかった　　　　できた **1　2　3　4　5**	できなかった　　　　できた **1　2　3　4　5**	

○学習後,さらに理解を深めたいことや興味をもったこと

● 3章3節1項　バイオテクノロジー(p.136)

○学習の理解度
できなかった　　　　できた
1　2　3　4　5

○粘り強く取り組めたか
できなかった　　　　できた
1　2　3　4　5

確認欄

○学習後,さらに理解を深めたいことや興味をもったこと

● 3章3節2項　バイオテクノロジーの応用(p.143)

○学習の理解度
できなかった　　　　できた
1　2　3　4　5

○粘り強く取り組めたか
できなかった　　　　できた
1　2　3　4　5

確認欄

○学習後,さらに理解を深めたいことや興味をもったこと

● 4章1節1項　刺激の受容(p.148)

○学習の理解度
できなかった　　　　できた
1　2　3　4　5

○粘り強く取り組めたか
できなかった　　　　できた
1　2　3　4　5

確認欄

○学習後,さらに理解を深めたいことや興味をもったこと

● 4章1節2項　ニューロンと興奮(p.152)

○学習の理解度
できなかった　　　　できた
1　2　3　4　5

○粘り強く取り組めたか
できなかった　　　　できた
1　2　3　4　5

確認欄

○学習後,さらに理解を深めたいことや興味をもったこと

● 4章1節3項　神経系の働き(p.160)

○学習の理解度
できなかった　　　　できた
1　2　3　4　5

○粘り強く取り組めたか
できなかった　　　　できた
1　2　3　4　5

確認欄

○学習後,さらに理解を深めたいことや興味をもったこと

● 4章1節4項　刺激に対する反応(p.164)

○学習の理解度
できなかった　　　　できた
1　2　3　4　5

○粘り強く取り組めたか
できなかった　　　　できた
1　2　3　4　5

確認欄

○学習後,さらに理解を深めたいことや興味をもったこと

● 4章2節1項　生得的行動(p.170)

○学習の理解度
できなかった　　　　できた
1　2　3　4　5

○粘り強く取り組めたか
できなかった　　　　できた
1　2　3　4　5

確認欄

○学習後,さらに理解を深めたいことや興味をもったこと

● 4章2節2項　習得的行動(p.174)

○学習の理解度
できなかった　　　　できた
1　2　3　4　5

○粘り強く取り組めたか
できなかった　　　　できた
1　2　3　4　5

確認欄

○学習後,さらに理解を深めたいことや興味をもったこと

● 4章3節1項　植物の一生と環境応答(p.177)

○学習の理解度
できなかった　　　　できた
1　2　3　4　5

○粘り強く取り組めたか
できなかった　　　　できた
1　2　3　4　5

確認欄

○学習後,さらに理解を深めたいことや興味をもったこと

● 4章3節2項　植物の成長(p.180)

○学習の理解度
できなかった　　　　できた
1　2　3　4　5

○粘り強く取り組めたか
できなかった　　　　できた
1　2　3　4　5

確認欄

○学習後,さらに理解を深めたいことや興味をもったこと

● 4章3節3項　開花・結実の調節(p.185)

○学習の理解度
できなかった　　　　できた
1　2　3　4　5

○粘り強く取り組めたか
できなかった　　　　できた
1　2　3　4　5

確認欄

○学習後,さらに理解を深めたいことや興味をもったこと

● 4章3節4項　その他の環境応答(p.192)

○学習の理解度
できなかった　　　　できた
1　2　3　4　5

○粘り強く取り組めたか
できなかった　　　　できた
1　2　3　4　5

確認欄

○学習後,さらに理解を深めたいことや興味をもったこと

●4章3節5項　被子植物の受精と発生（p.196）

○学習の理解度	○粘り強く取り組めたか	確認欄
できなかった　　　　できた **1　2　3　4　5**	できなかった　　　　できた **1　2　3　4　5**	
○学習後,さらに理解を深めたいことや興味をもったこと		

●5章1節1項　個体群とその性質（p.200）

○学習の理解度	○粘り強く取り組めたか	確認欄
できなかった　　　　できた **1　2　3　4　5**	できなかった　　　　できた **1　2　3　4　5**	
○学習後,さらに理解を深めたいことや興味をもったこと		

●5章1節2項　個体群内の相互作用（p.208）

○学習の理解度	○粘り強く取り組めたか	確認欄
できなかった　　　　できた **1　2　3　4　5**	できなかった　　　　できた **1　2　3　4　5**	
○学習後,さらに理解を深めたいことや興味をもったこと		

●5章1節3項　異種個体群間の相互作用（p.212）

○学習の理解度	○粘り強く取り組めたか	確認欄
できなかった　　　　できた **1　2　3　4　5**	できなかった　　　　できた **1　2　3　4　5**	
○学習後,さらに理解を深めたいことや興味をもったこと		

●5章2節1項　生態系の物質生産（p.217）

○学習の理解度	○粘り強く取り組めたか	確認欄
できなかった　　　　できた **1　2　3　4　5**	できなかった　　　　できた **1　2　3　4　5**	
○学習後,さらに理解を深めたいことや興味をもったこと		

●5章2節2項　物質循環とエネルギーの流れ（p.224）

○学習の理解度	○粘り強く取り組めたか	確認欄
できなかった　　　　できた **1　2　3　4　5**	できなかった　　　　できた **1　2　3　4　5**	
○学習後,さらに理解を深めたいことや興味をもったこと		

●5章2節3項　生態系と人間生活（p.230）

○学習の理解度	○粘り強く取り組めたか	確認欄
できなかった　　　　できた **1　2　3　4　5**	できなかった　　　　できた **1　2　3　4　5**	
○学習後,さらに理解を深めたいことや興味をもったこと		

生物エブリィノート
授業のまとめ

表紙デザイン アトリエ小びん　佐藤志帆

●編　者―実教出版編修部
●発行者―小田　良次
●印刷所―大日本印刷株式会社

〒102-8377
東京都千代田区五番町 5
電話〈営業〉（03）3238-7777
　　　〈編修〉（03）3238-7781
　　　〈総務〉（03）3238-7700
https://www.jikkyo.co.jp/

●発行所―実教出版株式会社

002402023②

ISBN　978-4-407-35989-3